キソとキホン　小学**5**年生

「**わかる！**」が
たのしい
理科

フォーラム・A

は　じ　め　に

　近年の教育をめぐる動きは、目まぐるしいものがあります。

　2020年度実施の新学習指導要領においても、学年間の単元移動があったり、発展という名のもとに、読むだけの教材が多くなったりしています。通り一遍の学習では、なかなか科学に興味を持ったり、基礎知識の定着も図れません。

　そこで学習の補助として、理科の基礎的な内容を反復学習によって、だれもが一人で身につけられるように編集しました。

　また、1回の学習が短時間でできるようにし、さらに、ホップ・ステップ・ジャンプの3段構成にすることで興味関心が持続するようにしてあります。

【本書の構成】

ホップ　（イメージ図）

単元のはじめの2ページ見開きを単元全体がとらえられる構造図にしています。重要語句・用語等をなぞり書きしたり、実験・観察図に色づけをしたりしながら、単元全体がやさしく理解できるようにしています。

ステップ　（ワーク）

基礎的な内容をくり返し学習しています。視点を少し変えた問題に取り組むことで理解が深まり、自然に身につくようにしています。

ジャンプ　（おさらい）

学習した内容の、定着を図れるように、おさらい問題を2回以上つけています。弱い点があれば、もう一度ステップ（ワーク）に取り組めば最善でしょう。

　このプリント集が多くの子たちに活用され、自ら進んで学習するようになり理科学習に興味関心が持てるようになれることを祈ります。

も く じ

◆ なぞったり、色をぬったりしてイメージマップをつくりましょう

発芽の３条件

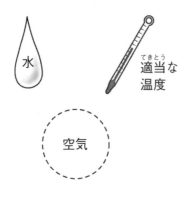

水

適当な温度（てきとう）

空気

1	水
2	空気
3	適当な温度

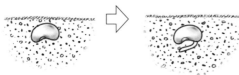

発芽　植物の種子が芽を出すこと。

成長の５条件

※発芽の条件に加えて

| 4 | 日光 |
| 5 | 養分 |

日光

養分（肥料と水）（ひりょう）

葉の数…………多い

葉の大きさ……大きい

くきの太さ……太い

くきののび……よい

葉やくきの色…緑色

種子のつくり

インゲンマメ

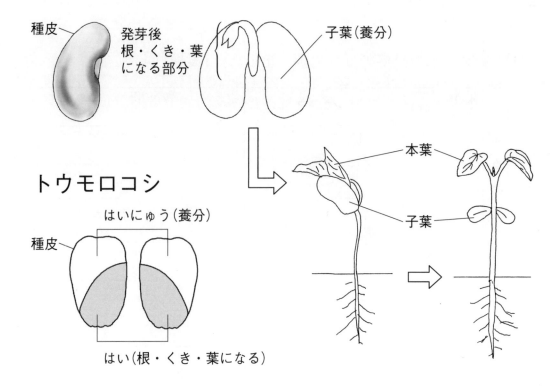

種皮

発芽後
根・くき・葉
になる部分

子葉(養分)

本葉

子葉

トウモロコシ

はいにゅう(養分)

種皮

はい(根・くき・葉になる)

でんぷんを多く ふくむ食品

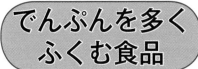

ご飯　うどん　じゃがいも　パン　マメ　など

でんぷんの調べ方

でんぷん＋ヨウ素液 ── 青むらさき色

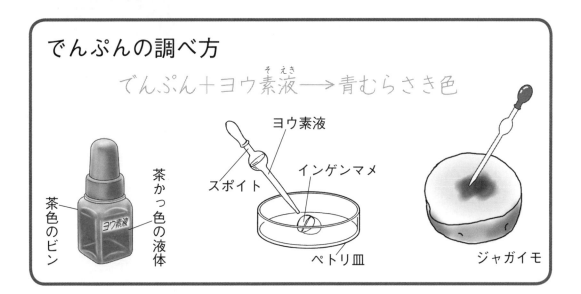

ヨウ素液

スポイト

インゲンマメ

茶色のビン

茶かっ色の液体

ペトリ皿

ジャガイモ

1 発芽の条件 (1)

1　次のように種子が発芽する条件を調べました。表の（　　）にあてはまる言葉を □ から選んでかきましょう。

(1)　発芽に水が必要かどうか調べました。[**実験(1)**]

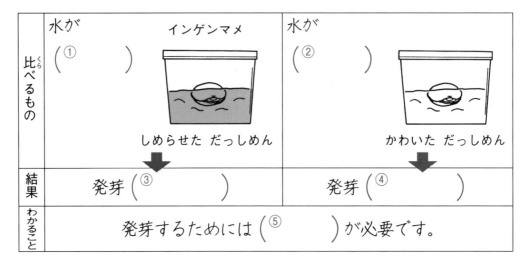

```
┌──────┬──────────────────────┬──────────────────────┐
│      │ 水が                 │ 水が                 │
│ 比べ │ (①        )          │ (②        )          │
│ るも │   インゲンマメ       │                      │
│ の   │   しめらせた だっしめん │   かわいた だっしめん │
├──────┼──────────────────────┼──────────────────────┤
│ 結果 │ 発芽 (③        )     │ 発芽 (④        )     │
├──────┼──────────────────────┴──────────────────────┤
│わかる│ 発芽するためには (⑤        ) が必要です。     │
│こと  │                                              │
└──────┴──────────────────────────────────────────────┘
```

> あ　る　　　な　い　　　す　る　　　し　な　い　　　水

(2)　発芽に空気が必要かどうか調べました。[**実験(2)**]

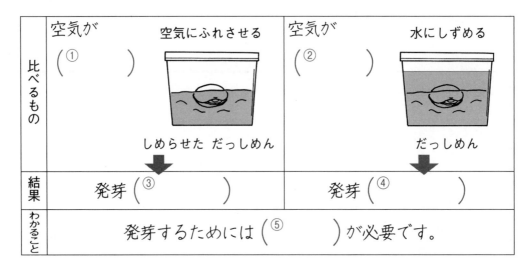

```
┌──────┬──────────────────────┬──────────────────────┐
│      │ 空気が               │ 空気が               │
│ 比べ │ (①        )          │ (②        )          │
│ るも │   空気にふれさせる   │   水にしずめる       │
│ の   │   しめらせた だっしめん │   だっしめん       │
├──────┼──────────────────────┼──────────────────────┤
│ 結果 │ 発芽 (③        )     │ 発芽 (④        )     │
├──────┼──────────────────────┴──────────────────────┤
│わかる│ 発芽するためには (⑤        ) が必要です。     │
│こと  │                                              │
└──────┴──────────────────────────────────────────────┘
```

> あ　る　　　な　い　　　す　る　　　し　な　い　　　空気

(3)　発芽に適当な温度が必要かどうか調べました。[実験(3)]

比べるもの	適当な温度の (①　　　　　) に置く　　　Ⓐ箱 しめらせた だっしめん	低い温度の (②　　　　　) に入れる　　Ⓑ冷ぞう庫 しめらせた だっしめん
結果	発芽 (③　　　　　)	発芽 (④　　　　　)
わかること	発芽するためには (⑤　　　　　　　　　) が必要です。	

する　　しない　　箱の中　　冷ぞう庫　　適当な温度

2 　1の(1)～(3)の実験を表にまとめました。表の(　　)にあてはまる言葉を　　　から選んでかきましょう。

	変える条件	同じにする条件
実験(1)	(①　　　　　) が あるかないか。	・(②　　　　　) がある ・(③　　　　　) がある
実験(2)	(④　　　　　) が あるかないか。	・(⑤　　　　　) がある ・(⑥　　　　　) がある
実験(3)	(⑦　　　　　) が あるかないか。	・(⑧　　　　　) がある ・(⑨　　　　　) がある

水　　空気　　適当な温度　●3回ずつ使います

1 発芽の条件 (2)

1 インゲンマメの種子の発芽について、実験①～⑥をしました。

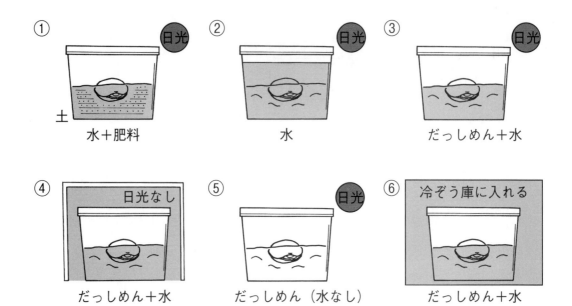

① 日光　水＋肥料
② 日光　水
③ 日光　だっしめん＋水
④ 日光なし　だっしめん＋水
⑤ 日光　だっしめん（水なし）
⑥ 冷ぞう庫に入れる　だっしめん＋水

(1) 次の④～©の関係を調べるには、どの実験とどの実験を比べればよいですか。記号で答えましょう。

④ 水分と発芽の関係　　　　　　　　　　　　　　（　　　）

　　⑦ ①と⑤　　　　⑦ ③と⑤　　　　⑦ ②と③

® 空気と発芽の関係　　　　　　　　　　　　　　（　　　）

　　⑦ ③と⑤　　　　⑦ ②と③　　　　⑦ ②と④

© 温度と発芽の関係　　　　　　　　　　　　　　（　　　）

　　⑦ ④と⑥　　　　⑦ ⑤と⑥　　　　⑦ ②と⑥

(2) ①～⑥の実験の結果、発芽するものはどれですか。

（　　　）（　　　）（　　　）

2 インゲンマメの種子の発芽の条件を調べました。（　　）にあてはま
る言葉を▢から選んでかきましょう。

(1) 発芽に土が必要かどうか調べる実験をしました。

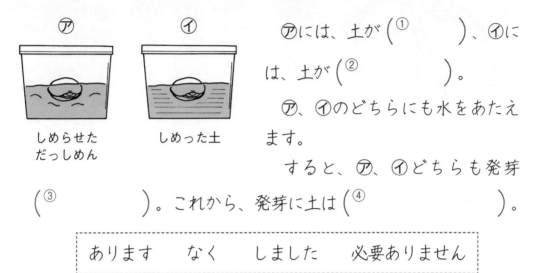

⑦　　　　　⑦には、土が（①　　　　）、⑦に

は、土が（②　　　　）。

しめらせた　　しめった土　　⑦、⑦のどちらにも水をあたえ
だっしめん　　　　　　　　　ます。

　　　　　　　　　　すると、⑦、⑦どちらも発芽

（③　　　　　　）。これから、発芽に土は（④　　　　　　　）。

あります　　なく　　しました　　必要ありません

(2) 発芽に肥料が必要かどうか調べる実験をしました。

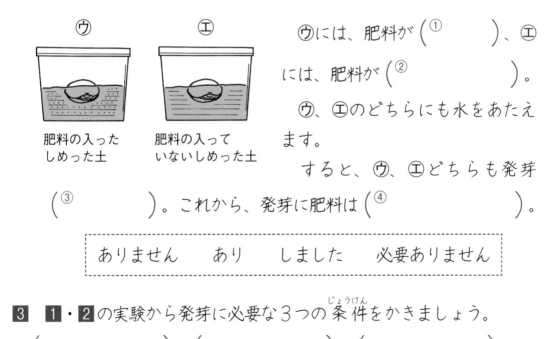

⑤　　　　　⑥　　　⑤には、肥料が（①　　　　）、⑥

には、肥料が（②　　　　　）。

　　　　　　　　　　⑤、⑥のどちらにも水をあたえ

肥料の入った　肥料の入って　ます。
しめった土　　いないしめった土

　　　　　　　　　　すると、⑤、⑥どちらも発芽

（③　　　　　　）。これから、発芽に肥料は（④　　　　　　　）。

ありません　　あり　　しました　　必要ありません

3 1・2の実験から発芽に必要な３つの条件をかきましょう。

（　　　　　　）（　　　　　　）（　　　　　　）

1 種子のつくり

1 種子の中のようすを調べます。次の文は図のどの部分の説明ですか。
（　　）に番号をかきましょう。

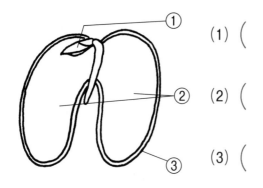

(1) （　　　　）発芽して葉やくきや根
になります。

(2) （　　　　）養分（でんぷん）をた
くわえています。

(3) （　　　　）種子を守っています。

2 ヨウ素液の性質について、次の（　　）にあてはまる言葉を［　　］か
ら選んでかきましょう。

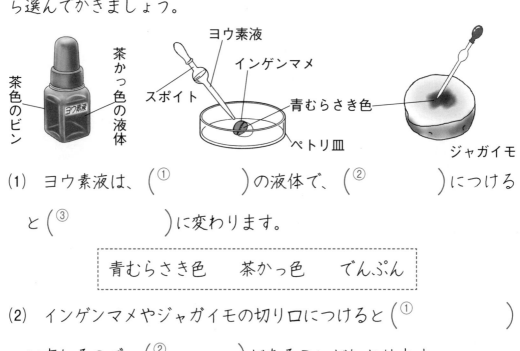

(1) ヨウ素液は、（①　　　　　　　）の液体で、（②　　　　　　　）につける

と（③　　　　　　　）に変わります。

> 青むらさき色　　茶かっ色　　でんぷん

(2) インゲンマメやジャガイモの切り口につけると（①　　　　　　　）

に変わるので、（②　　　　　　　）があることがわかります。

　　ご飯やパンにも（③　　　　　　　）がふくまれているので、ヨウ素液

をつけると（④　　　　　　　）に変わります。

> でんぷん　　でんぷん　　青むらさき色　　青むらさき色

3　右の図は、発芽してしばらくたったインゲ
ンマメのようすを表したものです。

種子だった
ところ

(1)　図のⒶ、Ⓑの名前を □ から選んでか
きましょう。

Ⓐ（　　　　　　　）　Ⓑ（　　　　　　　　）

子葉　　本葉

(2)　発芽する前にインゲンマメにヨウ素液をつけました。何色に変わ
りますか。次の中から選びましょう。　　　　　　　　（　　　）

㋐　赤むらさき色　　㋑　青むらさき色　　㋒　変わらない

(3)　色が変わると何があることがわかりますか。次の中から選びまし
ょう。　　　　　　　　　　　　　　　　　　　　　　（　　　）

㋐　でんぷん　　　　㋑　空気　　　　　　㋒　水

(4)　種子だったところⒷにヨウ素液をつけてみました。色はどうなり
ますか。次の中から選びましょう。　　　　　　　　（　　　）

㋐　赤むらさき色　　㋑　青むらさき色　　㋒　変わらない

(5)　種子だったところⒷのようすは、発芽する前と比べてどうなって
いますか。次の中から選びましょう。　　　　　　　（　　　）

㋐　発芽する前よりも、小さくなってしおれています。
㋑　発芽する前よりも、少し大きくなっています。
㋒　発芽する前と変わりません。

(6)　種子だったところⒷが、(5)のようになったのはなぜですか。次の
中から選びましょう。　　　　　　　　　　　　　　（　　　）

㋐　発芽するのに、養分は必要ないので。
㋑　発芽したあとに栄養がたまったので。
㋒　発芽して大きくなるのに養分が使われたので。

1 日光と植物の成長との関係を次のようにして調べました。表の（　　　）にあてはまる言葉を▢▢▢から選んでかきましょう。

比べること		日光に（① 　　　　　　）	日光に（② 　　　　　　）
		肥料を入れた水をあたえる	肥料を入れた水をあたえる
結果	葉の色	（③ 　　　　　　　　　）	（④ 　　　　　　　　　）
	葉の数	（⑤ 　　　　　　　　　）	（⑥ 　　　　　　　　　）
	くき	（⑦ 　　　　　　　　　）	（⑧ 　　　　　　　　　）
わかること		植物がよく育つためには（⑨ 　　　　　　）が必要です。	

```
あてる　　あてない　　こい緑色　　うすい緑色
多い　　少ない　　よくのびてしっかりしている
細くてひょろりとしている　　日光
```

2　肥料（ひりょう）と植物の成長との関係を次のようにして調べました。表の（　　）にあてはまる言葉を◻◻から選んでかきましょう。

比べること		（①　　　　　　　　　　）をあたえる	水をあたえる
		日光にあてる	日光にあてる
結果	葉の色	（②　　　　　　　　　）	（③　　　　　　　　　　）
	葉の数	（④　　　　　　　　　）	（⑤　　　　　　　　　　）
	くき	（⑥　　　　　　　　　）	（⑦　　　　　　　　　　）
わかること		植物がよく育つためには（⑧　　　　　　　）が必要です。	

肥料をとかした水　　こい緑色　　こい緑色　　多い　　少ない
よくのびてしっかりしている　　あまりのびない　　肥料

3　1 2の実験から、植物の成長に必要なもの2つをかきましょう。

（　　　　　　　　）（　　　　　　　　）

4　1 2の実験をするにあたって、そろえておかなければならない条件（じょうけん）が3つあります。発芽のときにも必要です。何ですか。

（　　　　　　　）（　　　　　　　）（　　　　　　　）

① 植物の成長と日光・養分 (2)

1 発芽したあと、植物が成長するには、どんな条件（じょうけん）が必要ですか。

図のように、同じくらいの大きさに育っている3本のインゲンマメをバーミキュライト（肥料（ひりょう）のない土）に植えかえて実験しました。

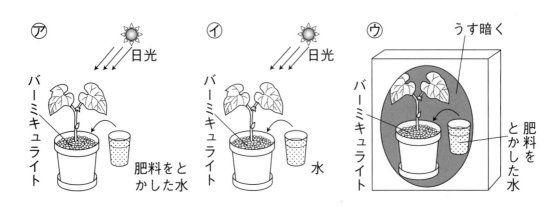

(1) ⑦と⑦の実験を比（くら）べると、インゲンマメの成長と何の関係を調べることができますか。次の中から正しいものを選びましょう。

　　① 成長と日光　　② 成長と空気　　③ 成長と肥料

（　　　）

(2) ⑦と⑦の実験を比べると、インゲンマメの成長と何の関係を調べることができますか。次の中から正しいものを選びましょう。

　　① 成長と日光　　② 成長と空気　　③ 成長と肥料

（　　　）

(3) 次の（　　）にあてはまる言葉を ⬚ から選んでかきましょう。

　　⑦と⑦の実験を比べてもインゲンマメの成長について調べることができません。それは（① 　　　　　）のあるなしと（② 　　　　　）のあるなしの2つの条件がちがっているからです。

> 日光　　肥料

おうちの
方へ　日光にあてないとこい緑色の葉になりません。肥料がないと大き
く成長できません。

2　図は、**1**の実験をはじめて、およそ10日後のようすです。図を見
て、あとの問いに答えましょう。

⑦ 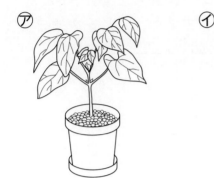　　　④ 　　　⑨

(1)　⑦と④の育ち方について比べました。次の①〜④はどちらのこと
ですか。⑦、④の記号で答えましょう。

①　くきは、太くなっています。　　　　　　　　　　（　　）

②　くきは、やや細く、弱よわしくなっています。　（　　）

③　葉の大きさは、はじめたときとあまり変わりません。（　　）

④　葉の大きさは、はじめたときより大きいです。　（　　）

(2)　⑦と⑨の育ち方について比べました。次の①〜⑥はどちらのこと
ですか。⑦、⑨の記号で答えましょう。

①　くきは、細くひょろひょろです。　　　　　　　（　　）

②　くきは、太くしっかりしています。　　　　　　（　　）

③　葉は大きく、数も多いです。　　　　　　　　　（　　）

④　葉が小さく、数も少ないです。　　　　　　　　（　　）

⑤　くきや葉の色は、緑色がこいです。　　　　　　（　　）

⑥　くきや葉の色は、緑色がうすいです。　　　　　（　　）

1 植物の発芽と成長 まとめ (1)

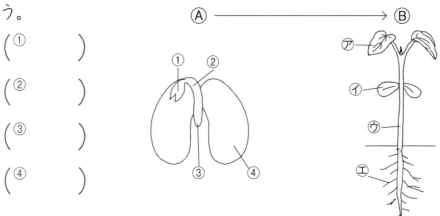

1 図を見て、あとの問いに答えましょう。

(1) 発芽してしばらくすると、Ⓐ がⒷ のように育ちます。Ⓐ の①〜④ の部分は、Ⓑ の㋐〜㋓のどの部分になりますか。記号をかきましょう。

（① 　　　）

（② 　　　）

（③ 　　　）

（④ 　　　）

(2) 次の（　　）にあてはまる言葉を ⬚ から選んでかきましょう。

　ヨウ素液（そえき）は、何もつけないときは、（① 　　　　　　　）をしています。発芽前のインゲンマメの種子にヨウ素液をつけると青むらさき色に（② 　　　　　　　）。

　発芽後、種子だったところにヨウ素液をつけると、色は（③ 　　　　　　　）。

　発芽によって養分の（④ 　　　　　　　）が使われたためです。

Ⓐ 種子だった ところ

　でんぷんは種子によって、形がちがいます。

　でんぷんをふくむものに（⑤ 　　　　　　　）、（⑥ 　　　　　　　）、（⑦ 　　　　　　　）などがあります。

> 茶かっ色　　変わりません　　変わります　　うどん
> ご飯　　でんぷん　　じゃがいも

2　次の(　　)にあてはまる言葉を[　　]から選んでかきましょう。

(1)　植物の種子をまいて水をやると発芽します。種子が発芽する3つの条件は(① 　　)と(② 　　)と(③ 　　　　)です。

　　土は、発芽するための条件ではありません。また、種子には発芽するために養分として使われる(④ 　　　)とよばれる部分があり、(⑤ 　　　)も、発芽するための条件ではありません。

> 水　　肥料　　空気　　適当な温度　　子葉

(2)　同じぐらいに育ったインゲンマメのなえを肥料のあるもの、ないもの、日光のあたるもの、あたらないもので育てました。2週間後

⑦（水＋肥料）　　　　⑦（水）　　　　⑦ おおい（水＋肥料）

　　⑦は葉の緑色がこく、葉も(① 　　　　)なっていました。⑦は植物のたけが(② 　　　)、葉はあまり大きくなっていませんでした。⑦は葉の緑色が(③ 　　　)なっていました。

　　植物が成長するには(④ 　　　)と(⑤ 　　　)が必要なことがわかりました。

> 日光　　肥料　　低く　　うすく　　大きく

(3)　植物の発芽・成長の条件をかきましょう。

　　発芽…(　　　　　)(　　　　　　)(　　　　　)

　　成長…(　　　　　)(　　　　　　)

1 植物の発芽と成長 まとめ ⑵

1 インゲンマメやトウモロコシについて、あとの問いに答えましょう。

(1) それぞれの部分の名前を □ から選んでかきましょう。

　　（① 　　　　　　　）
　　（② 　　　　　　　）
　　（③ 　　　　　　　）

インゲンマメ　　　　　トウモロコシ

```
はい　はいにゅう　子葉
```

(2) 図の番号で答えましょう。

　㋐　発芽後、本葉になる部分はどこですか。（　　　）（　　　）

　㋑　インゲンマメで、発芽後、小さくなる部分はどこですか。
　　　　　　　　　　　　　　　　　　　　　　　　　（　　　）

　㋒　インゲンマメで、発芽して根になる部分はどこですか。
　　　　　　　　　　　　　　　　　　　　　　　　　（　　　）

　㋓　インゲンマメの①と同じ役目をするトウモロコシの部分はどこですか。
　　　　　　　　　　　　　　　　　　　　　　　　　（　　　）

　㋔　養分をふくんでいる部分はどこですか。（　　　）（　　　）

(3) 養分があるかどうかを調べるのに使う薬品は、何ですか。
　　　　　　　　　　　　　　　　　　　　　　　　　（　　　　　）

(4) 養分があれば、何色に変化しますか。（　　　　　）

(5) 養分の名前は何ですか。（　　　　　）

2　インゲンマメの種子の発芽について、実験をしました。

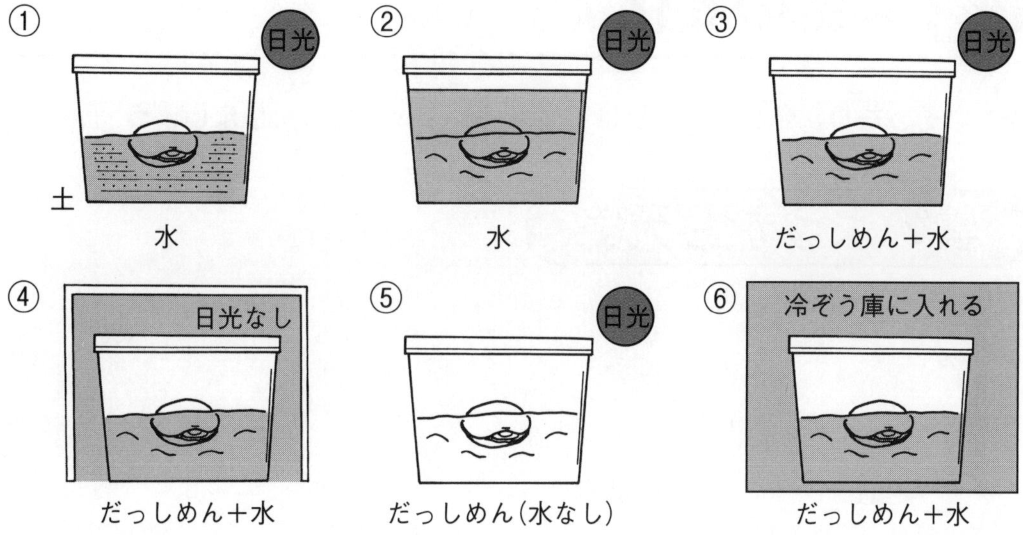

① 日光
土
水

② 日光
水

③ 日光
だっしめん＋水

④ 日光なし
だっしめん＋水

⑤ 日光
だっしめん（水なし）

⑥ 冷ぞう庫に入れる
だっしめん＋水

(1)　次の⑦〜⑨の関係を調べるにはどの実験を比べればよいですか。
　　あてはまるものを線で結びましょう。

⑦ 空気と発芽　・　　　　　　・ ②と③

⑦ 水と発芽　　・　　　　　　・ ④と⑥

⑨ 温度と発芽　・　　　　　　・ ③と⑤

(2)　①〜⑥の実験の結果、発芽するものはどれですか。

（　　　）（　　　）（　　　）

(3)　この実験から発芽に必要な３つの条件をかきましょう。

（　　　　　　　）（　　　　　　　）（　　　　　　　）

(4)　図のようなものを用意して実験を行いました。
　　この実験の結果からわかる発芽の条件を２つ答えましょう。

① （　　　　　　）は、発芽に必要です。

② （　　　　　　）は、発芽に必要です。

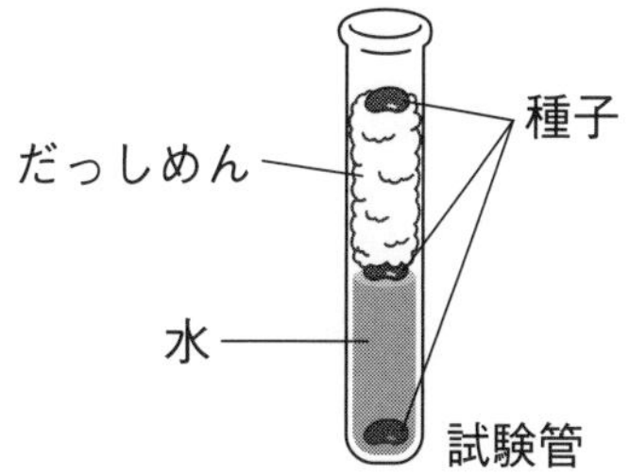

種子
だっしめん
水
試験管

ホップ

② 天気の変化

◆　なぞったり、色をぬったりしてイメージマップをつくりましょう

雲のようすと天気

雲の量0（雲がない）

雲の量3

雲の量8

雲の量10

晴れ
雲の量0〜8

くもり
雲の量9〜10

風向

ふいてくる方位

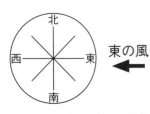
東の風

風力（0〜6）

ふき流しではかる

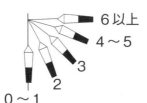
6以上
4〜5
3
2
0〜1

雨量

雨が1時間に何mm
ふったかをはかる

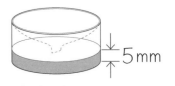
5mm

雲の種類

入道雲
（夕立が起こる）

うろこ雲
（次の日、雨に
なることがある）

すじ雲
（しばらく晴れの
日が続く）

うす雲
（太陽がぼんやり
見える
雨の前ぶれ）

日本の天気の変わり方

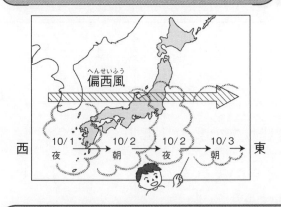

雲 ⎫
天気 ⎭ 西から東へ

偏西風
日本の上空をいつもふく
西風

台風の進路と雲のでき方

台 風
南の海上で発生 ⇩ 西または北東へ （偏西風のえいきょう）

台風の動きにつれて
天気も変わる
・強い風
・強い雨

これがはげしく
起こるのが台風

風
（気流）　　　　水じょう気

空気がうすい　　周りの空気

台風の中心・目

いろいろな気象情報

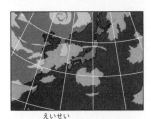

気象衛星の雲の画像

アメダスの雨量情報

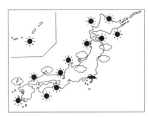

天気予報

② 雲と天気の変化 (1)

1 次の（　　）にあてはまる言葉を ⬚ から選んでかきましょう。

空には、いろいろな（① 　　　　　）の雲があり、雲の形や（② 　　　　）

は（③ 　　　　　　　）とともにようすが変わります。

空全体の雲の量が０〜８のときの天気を（④ 　　　　　　）としま

す。また、９〜10のときを（⑤ 　　　　　　）とします。

> 形　　量　　くもり　　晴れ　　天気の変化

2 雲の特ちょうと天気について、あとの問いに答えましょう。

(1)　図の雲の名前を ⬚ から選んでかきましょう。

㋐（　　　　　）㋑（　　　　　）㋒（　　　　　）㋓（　　　　　）

> うろこ雲　　すじ雲　　入道雲　　うす雲

(2)　次の文は、上の㋐〜㋓のどの雲についてかいたものですか。記号
で答えましょう。

①（　　　）　しばらく晴れの日が続きます。

②（　　　）　夕立が起こります。

③（　　　）　太陽がぼんやりと見え、雨の前ぶれです。

④（　　　）　次の日、雨になることがあります。

3 次の（　）にあてはまる言葉を □ から選んでかきましょう。

(1) 空気が移動すると風が起こります。

風は、ふいてくる方位を名前につけてよびます。南からふいてくる風のことを（① 　　　）といいます。

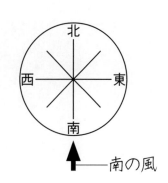

——南の風

風の強さを（② 　　　）といい、ふき流しなどではかります。

（③ 　　　）は1時間に雨が何mmふったかを表します。

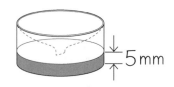

5mm

右の場合は（④ 　　　）になります。

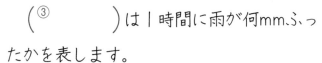

> 風力　　南風　　雨量　　5mm

(2) 図は（① 　　　　　）の中です。

（①）の中には、ふつう、1日の最高気温と最低気温をはかる（② 　　　　　）、気温を自動的にはかって記録する（③ 　　　　　）、空気のしめり気をはかる（④ 　　　）が入っています。また、（①）のとびらは、直しゃ日光が入らないように（⑤ 　　　）を向いています。

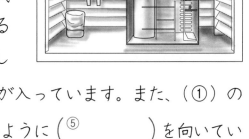

> しつ度計　　記録温度計　　最高・最低温度計
> 百葉箱　　北側

② 雲と天気の変化 (2)

1 次の雲の写真について、あとの問いに答えましょう。

⑦ 　　　　　　　　⑦

（　　　　　　　　）　　（　　　　　　　　　　）

(1)　上の⑦、⑦の雲の名前はうろこ雲ですか。それとも入道雲ですか。それぞれ、上の（　　）に答えましょう。

(2)　夏の日に、よく見られる雲は、⑦、⑦のどちらですか。記号で答えましょう。　　　　　　　　　　　　　　　　（　　　　　）

(3)　短い時間に、はげしい雨をふらせるのは、⑦、⑦のどちらですか。記号で答えましょう。　　　　　　　　　　（　　　　　）

(4)　時間がたつと、おだやかな雨をふらせることがあるのは、⑦、⑦のどちらですか。記号で答えましょう。　　　　　　（　　　　　）

(5)　強い日差しでできる雲は、⑦、⑦のどちらですか。記号で答えましょう。　　　　　　　　　　　　　　　　（　　　　　）

天気の晴れとくもりは、雲の量で決まります。空全体を10として、0～8は晴れ、9～10はくもりになります。

2　次の天気や気象についてかかれた文で、正しいものには○、まちがっているものには×をつけましょう。

① (　　)　右の図⑦と⑦では、⑦の方が風力が強いです。

② (　　)　風力１と風力５では風力１の方が強い風です。

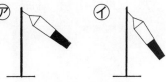

③ (　　)　図の⑦の風を北東の風といいます。

④ (　　)　図の⑦の風を南西の風といいます。

⑤ (　　)　雨量50ミリメートルというのは、１時間にふった雨の量のことです。

⑥ (　　)　しつ度が高いとき、むしあついです。

⑦ (　　)　雨の日はしつ度が高いです。

⑧ (　　)　入道雲は夕立ちをふらせます。

⑨ (　　)　天気で晴れというのは空全体の雲の量で０～５のことをいいます。

⑩ (　　)　太陽が見えるときは、空全体の雲の量が９でも晴れです。

⑪ (　　)　雲の形や量は、時こくによって変わります。

⑫ (　　)　雲には雨をふらせるものとそうでないものがあります。

② 天気の変化ときまり (1)

1 日本の天気の変化について、図を見て（　　）にあてはまる言葉を ⃞ から選んでかきましょう。

⑦ 10月1日 10時　　　⑦ 10月2日 10時　　　⑦ 10月3日 10時

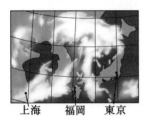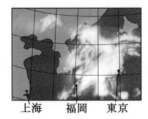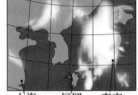

上海　福岡　東京　　　上海　福岡　東京　　　上海　福岡　東京

(1) 日本の上空では（①　　　）から（②　　　）に偏西風（へんせいふう）という風がふいています。中国の上海（しゃんはい）の雲は、よく日（③　　　）へ、そのよく日には、（④　　　）へやってきます。

> 東　西　東京　福岡（ふくおか）

(2) 図の白い部分は（①　　　）です。このかたまりは、時間がたつと（②　　　）から（③　　　）へと移動（いどう）します。（①）の移動にともない、（④　　　）も変わります。

> 天気　東　西　雲

(3) 図の白くない部分は、雲がなく、天気は（①　　　）です。図⑦のくもりの天気だった福岡は、図⑦では、雲がなくなり、（②　　　）ました。このように、日本の天気は、ふつう（③　　　）から（④　　　）へ変わっていきます。

> 東　西　晴れ　晴れ

2　次の（　　）にあてはまる言葉を □ から選んでかきましょう。

(1)　次の図は、それぞれ気象情報（じょうほう）を表しています。

㋐ 　㋑ 　㋒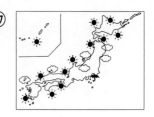

㋐は（①　　　　　　　　　　　　　）による雲の写真です。

㋑は（②　　　　　　　）の雨量を表し、㋒はテレビなどでもよく見かける（③　　　　　　　　）を表す気象情報です。

> 各地の天気　　アメダス　　気象衛星（えいせい）ひまわり

(2)　アメダスは、地いき気象観測（かんそく）システムといい、全国におよそ（①　　　　　　　）か所設置（せっち）されています。（②　　　　　）、風速、気温などを自動的に観測しています。

　　気象衛星による観測は（③　　　　　　）はん囲を一度に観測することができ、（④　　　　　　　）などを調べることができます。

　　各地の天気は、全国にある（⑤　　　　　　）や測候所（そっこうしょ）が観測しているものを集め、調べたものです。

　　日本では、雲はだいたい（⑥　　　　　）から（⑦　　　　　　）へ動きます。

> 雲の動き　　気象台　　雨量　　広い　　1300　　東　　西

② 天気の変化ときまり (2)

1 図は、3日連続の雨量の情報です。あとの問いに答えましょう。

㋐

弱　　強

㋑

弱　　強

㋒

弱　　強

| 中国・四国から関東 | 関東から東北にかけて | 九　州 |

(1) 雨のふっている地いきは、どこですか。線で結びましょう。

(2) 観測した順に記号をかきましょう。

（　　　）→（　　　）→（　　　）

(3) 次の（　）にあてはまる言葉を[　　]から選んでかきましょう。

雨のふっている地いきは（① 　　　　）から（② 　　　　）へ移動

しています。図は（③ 　　　　　　）の雨量情報です。各地の

（④ 　　　　　）を自動的にはかり、（⑤ 　　　　　）のふっている地い

きを表します。

> 西　　東　　雨　　雨量　　アメダス

(4) 日本の上空では、西から東に風がふいています。その風を何とい
いますか。□にかきましょう。

□□風

2　雲の写真を見て、あとの問いに答えましょう。

(1)　写真の④、⑧の地点の天気は、それ
　　ぞれ晴れ・雨のどちらですか。

　　　④　（　　　　　　　）

　　　⑧　（　　　　　　　）

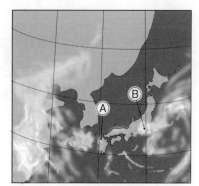

5月7日　10時

(2)　写真の④、⑧の地点の天気は、これ
　　からどのように変わりますか。
　　次の⑦〜⑨から選びましょう。

　　　⑦　雲が広がり雨がふり出します。

　　　⑦　雨がやんで、晴れてきます。

　　　⑦　このまましばらく雨がふり続きます。

　　　　④　（　　　　　）　⑧　（　　　　　）

(3)　この日の天気図として正しいものに〇をつけましょう。

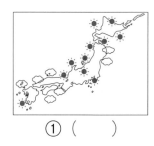

①　（　　　）

②　（　　　）

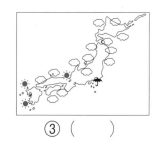

③　（　　　）

(4)　この写真と関係が深いものに〇をつけましょう。

①　（　　　）

②　（　　　）

② 台　風

1　次の文は台風についてかいたものです。次の（　　）にあてはまる言葉を ▢ から選んでかきましょう。

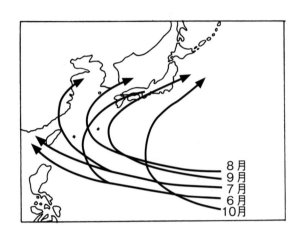

8月
9月
7月
6月
10月

台風が近づくと、雨の量が（①　　　）なります。

また、風も（②　　　）なります。

台風は、通過(つうか)した各地に（③　　　）をもたらすことも多くあります。

台風が日本にやってくるのは（④　　　）にかけてで、近くを通過したり、日本に（⑤　　　）したりすることがあります。

台風は、日本の（⑥　　　）の海上で発生します。

海水が（⑦　　　）の光によって強くあたためられます。

すると、（⑧　　　）が大量に発生し、そのあたりの空気が（⑨　　　）なります。そこへ周りの空気が入りこんで水じょう気と空気の（⑩　　　）が発生します。この（⑩）がだんだん大きくなって台風になります。

台風は、はじめは（⑪　　　）の方に向かって動きます。やがて（⑫　　　）から（⑬　　　）の方へ向きを変えます。

東　　西　　南　　北　　多く　　強く　　夏から秋
上陸　　災害(さいがい)　　太陽　　水じょう気　　うすく　　うず

2　図は、台風が日本付近にあるときのようすを表したものです。

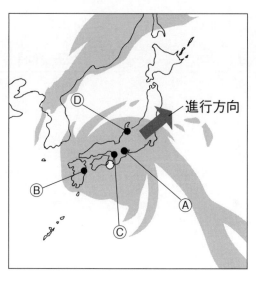

進行方向

(1)　次の（　　）にあてはまる言葉を　から選んでかきましょう。

　　台風が近づくと雨の量が（①　　　　）なります。ふく風も（②　　　　）なります。

　　また、台風が通過する地いきでは（③　　　　）や（④　　　　）で災害が起きることもあります。

強風　　大雨　　多く　　強く

(2)　図のⒶ、Ⓑの場所のようすについて正しいものを⑦、④、⑨から選びましょう。　　Ⓐ（　　）　Ⓑ（　　）

　⑦　しだいに風雨が強くなります。

　④　風がふき、弱い雨がふっています。

　⑨　風雨がおさまってきます。

(3)　Ⓒの場所では、しばらくすると、とつぜん晴れ間が見えました。これを何といいますか。　　　　　　（　　　　　　　　　）

(4)　次の図は、Ⓓの場所での風向きを表しています。正しいものに○をつけましょう。　　　　　　　（北東・南西）

北
西　　東
南

1　図を見て、あとの問いに答えましょう。

(1)　雨のふっている地いきは、どこですか。線で結びましょう。

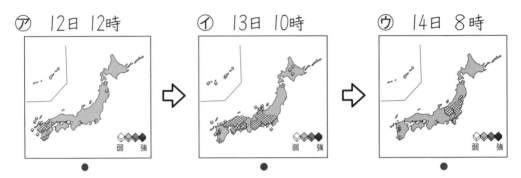

⑦　12日 12時　　　　⑦　13日 10時　　　　⑦　14日 8時

| 中国・四国から関東 | 関東から東北にかけて | 九　州 |

(2)　次の（　　）にあてはまる言葉をかきましょう。

　　上の図は、（① 　　　　　　　　　）による気象情報です。（①）は、気

温や（② 　　　　）を自動的に観測しています。

(3)　図は、15日の九州と大阪と北海道の空のようすです。晴れです

か、くもりですか。（　　）に天気をかきましょう。

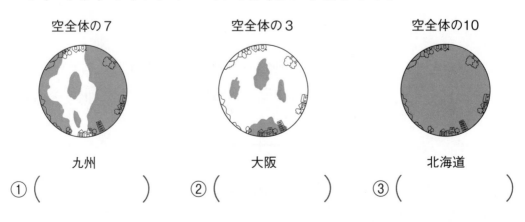

空全体の7　　　　　　　空全体の3　　　　　　　空全体の10

九州　　　　　　　　　　大阪　　　　　　　　　　北海道

①（　　　　　　　）　②（　　　　　　　）　③（　　　　　　　）

② 図は日本列島にかかる雲のようすを表しています。正しい方に○をつけましょう。

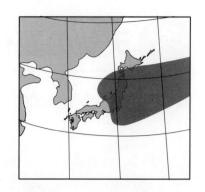

(1) 四国地方の今の天気は
$\left(\text{晴れ}\cdot\text{くもり}\right)$です。

(2) 東北地方の今の天気は
$\left(\text{晴れ}\cdot\text{くもり}\right)$です。

(3) 東北地方の天気は、次の日からは $\left(^{①}\text{晴れ}\cdot\text{くもり}\right)$ と予想できます。雲は $\left(^{②}\text{東}\cdot\text{西}\right)$ から $\left(^{③}\text{東}\cdot\text{西}\right)$ へと動きます。それにともなって、天気も $\left(^{④}\text{東}\cdot\text{西}\right)$ から $\left(^{⑤}\text{東}\cdot\text{西}\right)$ へと変わります。

③ 雲の種類と天気について、あとの問いに答えましょう。

(1) 図の雲の名前を［＿＿＿］から選んでかきましょう。

㋐（　　　）　㋑（　　　）　㋒（　　　）　㋓（　　　）

> うろこ雲　　すじ雲　　入道雲　　うす雲

(2) 次の文は㋐〜㋓のどの雲についてかいたものですか。記号で答えましょう。

① （　　）　このあと夕立が起こります。

② （　　）　しばらく晴れの日が続きます。

③ （　　）　次の日、雨になることがあります。

④ （　　）　太陽がぼんやりと見え、雨の前ぶれです。

② 天気の変化 まとめ (2)

1 図は、ある３日間の雲のようすを表したものです。あとの問いに答えましょう。

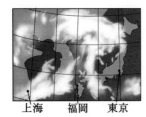
⑦　　１日目
上海　福岡　東京

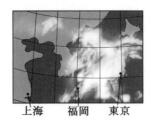
⑦　　２日目
上海　福岡　東京

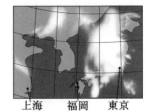
⑦　　３日目
上海　福岡　東京

(1) 右の図は、上の３日間のいずれかの天気を表しています。どの日の天気を表したものですか。⑦～⑦の記号で答えましょう。　（　　　　　）

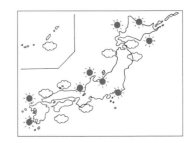

(2) ３日間の東京の天気について、正しいものには○、まちがっているものには×をかきましょう。

① （　　） ３日間の天気は、すべて雨でした。

② （　　） １日目の天気は晴れでした。

③ （　　） １日目の天気は雨で、２日目、３日目と晴れへと変わりました。

(3) 次の（　　）にあてはまる言葉を　　　　から選んでかきましょう。

　　（①　　　　　）の動きにあわせて（②　　　　　）も変化しています。

天気は、毎日（③　　　　　）ます。

```
天気　　雲　　変わり
```

2　図は、台風が日本付近にあるときのようすを表したものです。

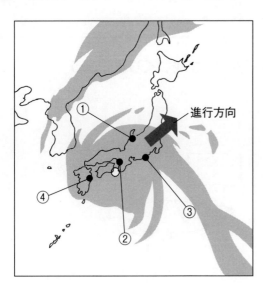

(1)　図の①、②の場所のようすについて正しいものを⑦～⑰から選びましょう。

①（　　　）　②（　　　）

⑦　台風の中心が近づき、風雨が強くなります。
⑦　強風がふき、はげしく雨がふっています。
⑰　風雨がおさまってきています。

(2)　図の③、④の場所のうち、まもなく風雨がおさまるのはどちらですか。　　　　　　　　　（　　　　　　　）

(3)　②の場所では、しばらくすると、とつぜん晴れ間が見えました。これを何といいますか。　　　　（　　　　　　　）

(4)　①の場所では、風は主にどちらからふいていますか。北西・北東・南西・南東のどれかを選びましょう。　（　　　　　　　）

3　気象情報について、図の①～③は、何という気象情報ですか。

① 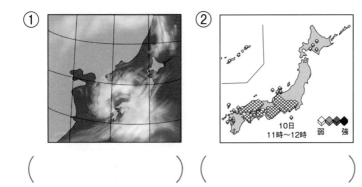 ② ③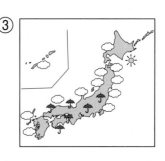

（　　　　　　）（　　　　　　）（　　　　　　）

アメダスの雨量　　各地の天気　　気象衛星の写真

③ メダカのたんじょう

◆　なぞったり、色をぬったりしてイメージマップをつくりましょう

メダカ

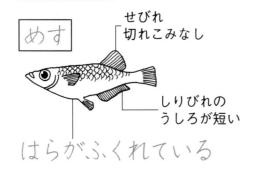

めす

せびれ
切れこみなし

しりびれの
うしろが短い

はらがふくれている

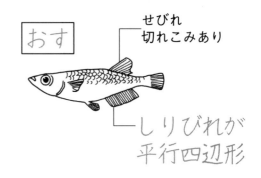

おす

せびれ
切れこみあり

しりびれが
平行四辺形

めすのうんだ
たまご

おすの出した
精子（せいし）

→ 受精（じゅせい）
（受精卵（じゅせいらん））

メダカのたんじょう

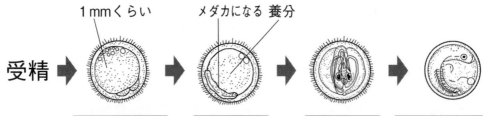

1mmくらい　　メダカになる　養分

受精 ➡

数時間後	2日目	4日目	5〜8日目
あわのようなものが少なくなる	からだのもとになるものが見えてくる	目がはっきりしてくる	心ぞう、血管も見えてくる

➡ ➡

たんじょうしてから
数日間は、はらの養
分を使って育つ

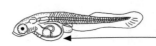
8〜11日目

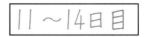
11〜14日目

たまごの中で
ときどき動く

からをやぶって
出てくる

メダカの飼い方

日光が直接あたらないところ　水温は25℃くらい

えさ（かんそうミジンコなど、食べ残しが出ないように）

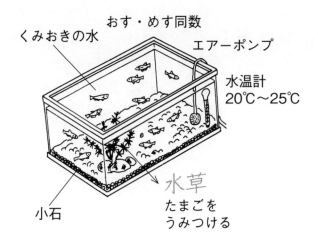

おす・めす同数

くみおきの水

エアーポンプ

水温計
20℃〜25℃

小石

水草

たまごを
うみつける

あなをあける

たまごが
ついている
水草

水

早朝に産卵
　→別の入れものへうつす

池や川の小さな生き物

◆ 植物性プランクトンに緑色をぬりましょう

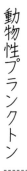

動物性プランクトン

ケンミジンコ
（約20倍）

ミジンコ
（約20倍）

ツボワムシ
（約50倍）

ゾウリムシ
（約100倍）

植物性プランクトン

アオミドロ
（約100倍）

ボルボックス
（約50倍）

クンショウモ
（約300倍）

ミカヅキモ
（約100倍）

③ メダカの飼い方

月　日

ステップ

1 図は、メダカのおすとめすを表したものです。次の(　　)にあてはまる言葉を□から選んでかきましょう。

 めす 　　　　おす

メダカのおすの(① 　　　　　　　)には切りこみがあります。また、

しりびれは(② 　　　　　　　)に近い形をしています。

メダカのめすのはらは(③ 　　　　　　　)います。

> ふくらんで　　せびれ　　平行四辺形

2 次の文で正しいものには○、まちがっているものには×をつけましょう。

① (　　) 水道の水でも飼うことができます。

② (　　) 水かえは $\frac{1}{2} \sim \frac{1}{3}$ をくみおきの水と入れかえます。

③ (　　) えさはたくさんあたえます。多いほど、てまがはぶけます。

④ (　　) えさは食べ残さないぐらいの量を毎日1〜2回あたえます。

⑤ (　　) 水温は25℃ぐらいが一番よいです。

⑥ (　　) メダカは急げきな水温の変化に弱い魚です。

⑦ (　　) 日光があたらない暗いところで飼うのがよいです。

⑧ (　　) めすのはらはふくれています。

3　メダカの飼い方について、（　　）にあてはまる言葉を□□□から選
んでかきましょう。

(1)　水そうは、太陽の光が直接
　　（①　　　　　　　　　）、明るい場所
に置きます。

　　水そうの底には、（②　　　　　）
をしきます。

　　水そうの中には、たまごをうみつけやすいように（③　　　　）
を入れます。水は（④　　　　　）の水を入れます。

> 小石　　あたらない　　くみおき　　水草

(2)　メダカの数は、おすとめすを（①　　　　　）ずつ入れます。

　　えさは、かんそうミジンコなどを（②　　　　　）くらいあた
えます。たくさんあたえすぎると、水がよごれてしまいます。その
ときは、くみおきの水を半分ぐらい入れかえます。

　　水温が（③　　　　　）なると、めすのメダカは（④　　　　　）を
うみます。

　　たまごを見つけたら、水草につけたまま、（⑤　　　　　　　）
にうつします。

> たまご　　別の入れ物　　同じ数　　食べきれる　　高く

③ メダカのたんじょう (1)

1 次の文は、メダカのたまごについてかいたものです。図を見て
（　　）にあてはまる言葉を ┈┈ から選んでかきましょう。

（<ruby>受精<rt>じゅせい</rt></ruby>から数時間後のたまご）

　　　<ruby>実際<rt>じっさい</rt></ruby>の大きさは
1mmくらい

(1)　メダカのめすは（①　　　　　）が高くなると（②　　　　　）をう
むようになります。たまごは、（③　　　　　）にうみつけられます。

> 水草　　水温　　たまご

(2)　たまごの形は（①　　　　　）、中は（②　　　　　　）いま
す。周りには（③　　　　　）のようなものがはえています。大きさ
は約（④　　　）くらいです。

> 1mm　　丸く　　すきとおって　　毛

(3)　めすのうんだ（①　　　　　）とおすが出した（②　　　　）とが
結びついて（③　　　　　）ができます。受精するとたまごは
（④　　　）しはじめます。

> <ruby>精子<rt>せいし</rt></ruby>　　たまご　　<ruby>受精卵<rt>じゅせいらん</rt></ruby>　　成長

2 メダカのたまごの図と記録文で、あうものを線で結びましょう。

⑦ 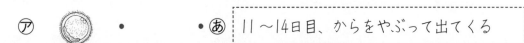 ・　　　　・あ 11〜14日目、からをやぶって出てくる

⑦ 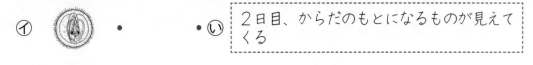 ・　　　　・い 2日目、からだのもとになるものが見えてくる

⑦  ・　　　　・う 8〜11日目、たまごの中でときどき動く

エ  ・　　　　・え 4日目、目がはっきりしてくる

オ 　　　 ・　　　　・お 数時間後、あわのようなものが少なくなる

3 図は、メダカのたまごと、かえったばかりのメダカのようすをかいたものです。あとの問いに答えましょう。

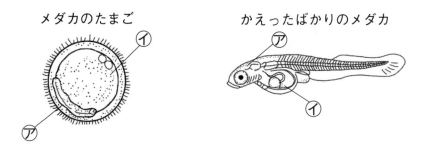

メダカのたまご　　　　　かえったばかりのメダカ

(1) メダカのたまごでは、育つための養分がたくわえられているのは、⑦と⑦のどちらですか。　　　　　　　　　　　（　　　　）

(2) かえったばかりのメダカでは、養分が入っているのは⑦と⑦のどちらですか。　　　　　　　　　　　　　　　　（　　　　）

(3) かえったばかりのメダカには、えさがいりますか、それともいりませんか。　　　　　　　　　　　　　　　（　　　　）

③ メダカのたんじょう (2)

1 次の文はメダカのたまごについてかいたものです。（　　）にあてはまる言葉を □ から選んでかきましょう。

(1) メダカは、水温が（① 　　　　）なるとたまごをうむようになります。たまごは（② 　　　　）に、うみつけられます。大きさは約（③ 　　　　）くらいです。

> 水草　　1mm　　高く

(2) めすのうんだ（① 　　　　）と、おすが出した（② 　　　　）とが結びついて（③ 　　　　）になります。受精するとたまごは（④ 　　　　）ます。

> 成長しはじめ　　たまご　　精子(せいし)　　受精卵(じゅせいらん)

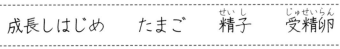

2 メダカのたまごの変化を調べました。観察の方法について次の文のうち正しいものには〇、まちがっているものには×をつけましょう。

① （　　） たまごのついているめすをとり出して観察します。

② （　　） たまごを水草といっしょにとり出して、水の入ったペトリ皿に入れて観察します。

③ （　　） くわしく観察するには、けんび鏡を使います。

④ （　　） くわしく観察するには、かいぼうけんび鏡を使います。

⑤ （　　） かいぼうけんび鏡で見るときには、スライドガラスの上にたまごをのせます。

⑥ （　　） 毎日、時こくを決めて、同じたまごを観察します。

3　メダカの成長について、あとの問いに答えましょう。

(1)　図の㋐～㋔はメダカのたまごが成長するようす、あ～おは、その説明をかいたものです。それぞれのようすをあとの表にかきこみましょう。

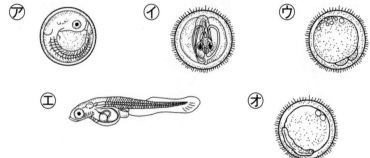

あ　からをやぶって出てくる。

い　心ぞうが見え、たまごの中でときどき動く。

う　体のもとになるものが見えてくる。

え　目がはっきりしてくる。

お　あわのようなものが少なくなる。

受精後	数時間後	2日目	4日目	8～11日目	11～14日目
図	(①　　　)	(②　　　)	(③　　　)	(④　　　)	(⑤　　　)
説明	(⑥　　　)	(⑦　　　)	(⑧　　　)	(⑨　　　)	(⑩　　　)

(2)　次の(　　)にあてはまる言葉を[　　]から選んでかきましょう。

　　かえったばかりのメダカ㋓には(①　　　　　)にふくらみがあり、

その中に(②　　　　)が入っています。かえったあとの2～3日

は(③　　　　　　　　)。

┌─────────────────────────┐
│　何も食べません　　はら　　養分　│
└─────────────────────────┘

③ 水中の小さな生き物

1 　川や池の中には、小さな生き物がたくさんいます。あとの問いに答えましょう。

(1)　次の生き物の名前を　　　から選んでかきましょう。

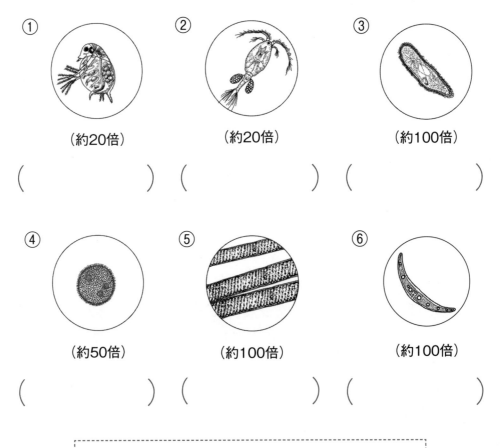

① （約20倍）　② （約20倍）　③ （約100倍）

（　　　　　）（　　　　　）（　　　　　）

④ （約50倍）　⑤ （約100倍）　⑥ （約100倍）

（　　　　　）（　　　　　）（　　　　　）

> アオミドロ　　ボルボックス　　ゾウリムシ
> ミジンコ　　ケンミジンコ　　ミカヅキモ

(2)　上の生き物で、①と③では実際の大きさは、どちらが大きいですか。大きい方の番号を答えましょう。

（　　　　）

おうちの方へ　水の中には、小さな生き物がいます。プランクトンといいます。
動物性のものと、植物性のものがあります。

2 次の（　　）にあてはまる言葉を □ から選んでかきましょう。

(1) たまごからかえったメダカは

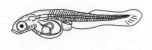

（① 　　　　　　　　　　）の中にある

養分で育ちます。（② 　　　　　　　）して、それがなくなると水中

の（③ 　　　　　　　）を食べるようになります。

> 2～3日　　小さな生き物　　はらのふくらみ

(2) 右の器具は、

（① 　　　　　　　　　　　　　）で

す。この器具を使うとき、日光が

直接（② 　　　　　　　）明るい平ら

なところに置きます。そして、

（③ 　　　　　　　）を動かして、見

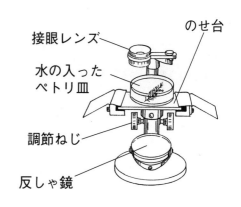

接眼レンズ
のせ台
水の入った
ペトリ皿
調節ねじ
反しゃ鏡

やすい明るさにします。次に見るものを（④ 　　　　　　　）の中央に

のせ、真横から見ながら（⑤ 　　　　　　　）を回して、レンズを

見るものに近づけます。そして、少しずつ（⑥ 　　　　　　　）いき

ながらピントをあわせます。

> 調節ねじ　　反しゃ鏡　　のせ台
> かいぼうけんび鏡　　あたらない　　遠ざけて

③ メダカのたんじょう まとめ (1)

ジャンプ

1 図を見て、あとの問いに答えましょう。

(1) 右の①、②はメダカ
のおす、めすのどちら
ですか。

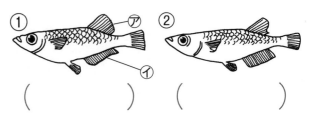

（　　　　　） （　　　　　）

(2) ⑦、⑦のひれの名前は、せびれ、しりびれのどちらですか。

⑦（　　　　　）　　⑦（　　　　　）

(3) メダカのおなかを比（くら）べてみると、はらがふくれているのはめすと
おすのどちらですか。　　　　　　　　　　　（　　　　　）

2 メダカの飼（か）い方について、正しいものには○、まちがっているもの
には×をつけましょう。

① （　　） 水そうは、日光が直（ちょく）接（せつ）あたる平らなところに置きます。

② （　　） 水そうには、くみおきの水を入れ、底にはあらったすな
や小石をしきます。

③ （　　） 水そうには、たまごをうむめすだけを10〜15ひき入れま
す。

④ （　　） 水そうには、たまごをうみつけるための水草を入れてお
きます。

⑤ （　　） 水草を入れておくと、えさはあたえなくてもかまいませ
ん。

⑥ （　　） えさは食べ残すぐらいの量を、毎日5〜6回あたえます。

⑦ （　　） 水がよごれたら、水そうの水を全部、くみおきの水と入
れかえます。

⑧ （　　） 水がよごれたら、水そう全体の水を、半分ぐらいずつ、
くみおきの水と入れかえます。

3　池や川の中には、メダカのえさになる小さな生き物がたくさんいます。名前を[　　]から選んでかきましょう。

①
②
③
④

（　　　　　　　）（　　　　　　　）（　　　　　　　）（　　　　　　　）

クンショウモ　　ミジンコ　　アオミドロ　　ゾウリムシ

4　次の文は、かいぼうけんび鏡の使い方を順番にかいたものです。（　　）にあてはまる言葉を[　　]から選んでかきましょう。

太陽の光が直接あたらない（①　　　　　　　　　）平らなところに置きます。

（②　　　　　　　　）の向きを変え、見やすい明るさにします。

観察するものを（③　　　　　　）の中央に置きます。

（④　　　　）から見ながら（⑤　　　　　　　　）を回して、レンズを観察するものに近づけます。

調節ねじを少しずつ回して、レンズを観察するものから（⑥　　　　　　）いき、はっきり見えるところで止めます。

接眼レンズ
のせ台
水の入った
ペトリ皿
調節ねじ
反しゃ鏡

のせ台　　明るい　　横　　反しゃ鏡　　調節ねじ　　遠ざけて

1　メダカのたまごの育ち方について、あとの問いに答えましょう。

　　⑦　　　　　　　④　　　　　　　⑦　　　　　　　　　　①

 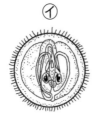 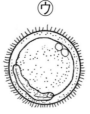 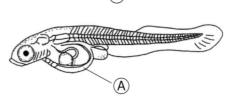

(1)　図の⑦～①を正しい順にならべかえましょう。

　　（　　　　　）→（　　　　　）→（　　　　　）→（　　　　　）

(2)　次の（　　　）にあてはまる言葉をかきましょう。

　　　Ⓐのふくらみは、やがてなくなります。それは、Ⓐの中にある
　（①　　　　　　）が、メダカの（②　　　　　　）に使われたからです。
　　Ⓐのふくらみがある数日間は、えさを（③　　　　　　　）。

2　メダカのたまごの図と記録文で、あうものを線で結びましょう。

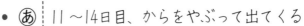

⑦　　・　　　・　あ　11～14日目、からをやぶって出てくる

④　　・　　　・　い　2日目、からだのもとになるものが見えてくる

⑦　　・　　　・　う　8～11日目、たまごの中でときどき動く

①　　・　　　・　え　4日目、目がはっきりしてくる

⑦　　　　　　　・　　　・　お　数時間後、あわのようなものが少なくなる

3 メダカのめすは水温が高くなると、たまごをうむようになります。

(1) 図の①～③は、メダカのめすがたまごをうんで、体につけている ようすです。正しいものを選んで○をつけましょう。

①（　　）

②（　　）

③（　　）

(2) 次の（　　）にあてはまる言葉を □ から選んでかきましょう。

めすがうんだ（①　　　　　）がおすが出す（②　　　　　）と結びつくことを（③　　　　　）といい、（③）したたまごを（④　　　　　）といいます。

たまごの成長を観察するとき、たまごは（⑤　　　　　）といっしょに取り出して、水の入った（⑥　　　　　）に入れて観察します。

ペトリ皿　　水草　　精子（せいし）　　たまご　　受精（じゅせい）　　受精卵（じゅせいらん）

(3) メダカのえさになる小さな生き物のうち自分で動くことができるのはどれですか。3つ選びましょう。　（　　・　　・　　）

①
ミカヅキモ
（約100倍）

②
ミジンコ
（約20倍）

③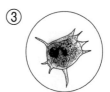
ツボワムシ
（約50倍）

④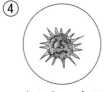
クンショウモ
（約300倍）

⑤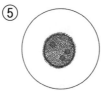
ボルボックス
（約50倍）

⑥
ゾウリムシ
（約100倍）

④ 動物のたんじょう

◆　なぞったり、色をぬったりしてイメージマップをつくりましょう

ヒトのたんじょう

卵子

精子

女性の卵巣（じょせい・らんそう）
でつくられた
　↓
卵子（らんし）　＋　精子（せいし）　→受精（受精卵）（じゅせいらん）　約0.1mm

男性の精巣（せいそう）
でつくられた
　↓

約４週
心ぞうが動きはじめる。
体重は約0.01g
体長は約0.4cm

約８週
目や耳ができる。手や足の
形がはっきりしてくる。
体重は約１g
体長は約4cm

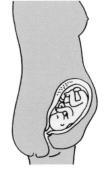

約16週
体の形や顔のようすがはっ
きりしてくる。男女の区別
ができる。
体重は約220g
体長は約25cm

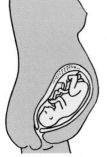

約24週
心ぞうの動きが活発に
なり、体を回転させて、
よく動くようになる。
体重は約970g
体長は約30〜35cm

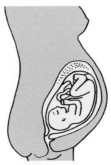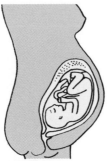

約32〜36週
かみの毛やつめが生えて
くる。
体重は約2300〜2900g
体長は約40〜45cm

約270日（およそ38週）
でうまれる

おなかの中のようす

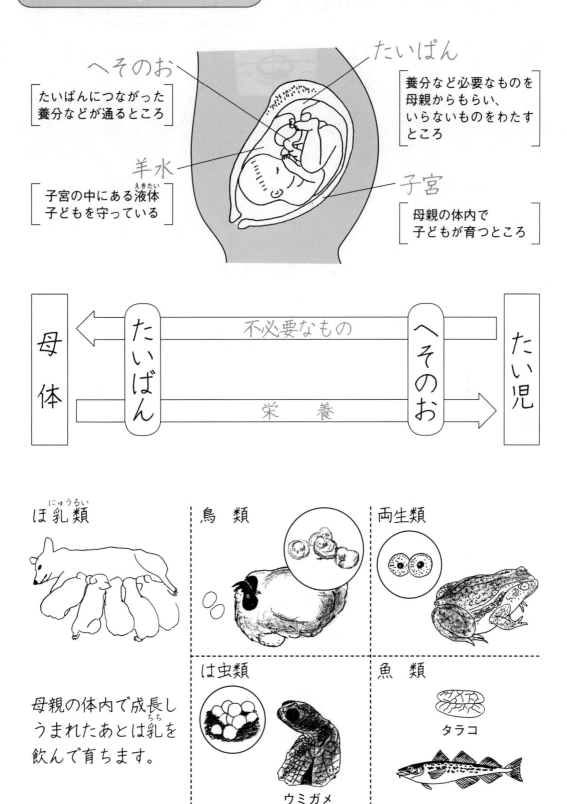

へそのお
[たいばんにつながった
養分などが通るところ]

たいばん
[養分など必要なものを
母親からもらい、
いらないものをわたす
ところ]

羊水
[子宮の中にある液体
子どもを守っている]

子宮
[母親の体内で
子どもが育つところ]

母体 ← たいばん ← 不必要なもの ← へそのお ← たい児
母体 → たいばん → 栄養 → へそのお → たい児

ほ乳類

母親の体内で成長し
うまれたあとは乳を
飲んで育ちます。

鳥類

両生類

は虫類
ウミガメ

魚類
タラコ

④ 動物のたんじょう (1)

1 次の（　　）にあてはまる言葉を▢から選んでかきましょう。

㋐ 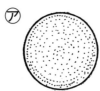　　　　　㋑

男性の精巣でつくられた（①　　　　　）と、女性の卵巣でつくられ

た（②　　　　　）が、女性の（③　　　　　）で出会って受精し、新しい

生命がたんじょうします。受精したたまごのことを（④　　　　　　）

といいます。

> 卵子　　精子　　受精卵　　子宮

2 次の文章において、正しい方に○をつけましょう。

1の㋐が（① 精子・卵子 ）、㋑が（② 精子・卵子 ）です。

精子と卵子では、（③ 精子・卵子 ）の方が大きく、数は

（④ 精子・卵子 ）の方が多いです。

3 右の図は、母親の体内で子どもが育つようすをかいたものです。

①～④の名前を▢から選んでかきましょう。

① （　　　　　） ② （　　　　　）

③ （　　　　　） ④ （　　　　　）

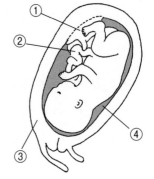

> たいばん　　へそのお　　羊水　　子宮

おうちの
方へ　ヒトの受精卵は、およそ38週間（270日間）で誕生します。ゾウ
などの大型動物はその期間が長くなります。

4　次の図は、母親の体内で子どもが育っていくようすを表したもので
す。それぞれの子どものようすについて説明した文を、下の⑦〜㋙か
ら選びましょう。

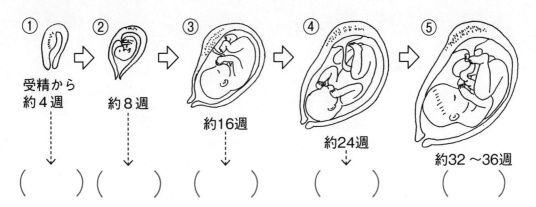

① 受精から
約4週　　② 約8週　　③ 約16週　　④ 約24週　　⑤ 約32〜36週

（　　　）（　　　）（　　　）（　　　）（　　　）

⑦　体の形や顔のようすがはっきりします。男女の区別ができます。

㋑　心ぞうが動きはじめます。

㋒　心ぞうの動きが活発になります。体を回転させ、よく動くように
なります。

㋓　子宮の中で回転できないくらいに大きくなります。

㋔　目や耳ができます。手や足の形がはっきりします。体を動かしは
じめます。

5　次の（　　）にあてはまる言葉を▭から選んでかきましょう。

ヒトのように体内で成長し、うまれたあとに（① 　　　　）を飲んで

育つ動物を（② 　　　　）といいます。ヒトのほかにイヌや

（③ 　　　　）も（②）の仲間です。また、水中で生活しているクジラ

や（④ 　　　　）も（②）の仲間です。

┌─────────────────────────────┐
│　イルカ　　ゾウ　　ほ乳類（にゅうるい）　　乳（ちち）　│
└─────────────────────────────┘

4 動物のたんじょう (2)

1 次の(　　)にあてはまる言葉を □ から選んでかきましょう。

(1)　男性の精巣_{だんせい　せいそう}でつくられた(① 　　　　)と、女性の卵巣_{らんそう}でつくられた(② 　　　　)が、女性の(③ 　　　　)で出会って(④ 　　　　)し、新しい生命がたんじょうします。

> 受精　　卵子　　精子　　子宮

(2)　受精したたまごの(① 　　　　)は、母親の(② 　　　　)の中で成長します。

　　その間、母親の(③ 　　　　)から(④ 　　　　)を通して酸素_{さんそ}や(⑤ 　　　　)をもらい、(⑥ 　　　　　　　　　)を母親の体内に返します。

> たいばん　　子宮　　受精卵　　へそのお
> いらなくなったもの　　養分

(3)　(① 　　　　)は、母親の体内で、およそ(② 　　　　)週間育ちます。うまれるときには、身長が(③ 　　　　)cm、体重が(④ 　　　　)gぐらいになります。

> 38　　約2900　　約40〜45　　たい児

おうちの
方へ　ヒトの赤ちゃんが育つようすを学習します。心臓が動き、目耳手
足、男女の区別、体を回転、かみの毛の順です。

2　図の㋐〜㋔は母親の体内で育つたい児のいろいろなようすを表した
ものです。また、㋕〜㋙は、たい児が育つようすを説明したものです。あとの表に記号をかきましょう。

〈図〉　㋐　　　　　　㋑　　　　　　　㋒

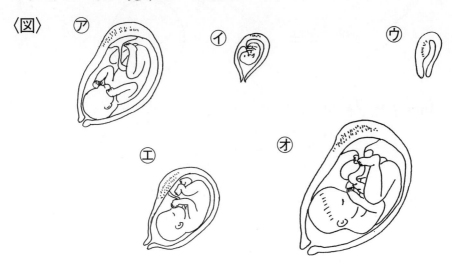

　　　㋓　　　　㋔

〈説明〉

㋕　心ぞうの動きが活発になります。体を回転させ、よく動くよう
　　になります。

㋖　体の形や顔のようすがはっきりします。男女の区別ができま
　　す。

㋗　目や耳ができます。手や足の形がはっきりします。

㋘　かみの毛やつめが生えてきます。

㋙　心ぞうが動きはじめます。

〈表〉

受精から	約4週	約8週	約16週	約24週	約36週
図	①（　　　）	②（　　　）	③（　　　）	④（　　　）	⑤（　　　）
説明	⑥（　　　）	⑦（　　　）	⑧（　　　）	⑨（　　　）	⑩（　　　）

1　図は、ヒトの卵子と精子を表しています。あとの問いに答えましょう。

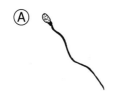
Ⓐ

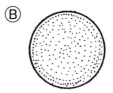
Ⓑ

(1)　Ⓐ、Ⓑはそれぞれ何といいますか。

　　Ⓐ（　　　　　　　）　　Ⓑ（　　　　　　　）

(2)　女性の卵子と男性の精子が母親の体内で結びつくことを何といいますか。

(3)　(2)の結果できた卵子を何といいますか。

(4)　母親の体内で、子どもを育てているところを何といいますか。

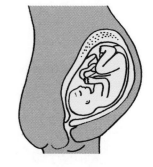

(5)　(4)のかべにあり、子どものへそのおとつながっているものを何といいますか。

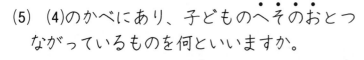

(6)　子どもは、へそのおを通して何と何をもらっていますか。

　　　　　（　　　　　　　）（　　　　　　　）

(7)　子どもは、へそのおを通して何を母体に返しますか。

2　次の文は子宮の中にある水のようなもののはたらきについてかいて
あります。（　　）にあてはまる言葉を　　　　から選んでかきましょう。

　子宮の中の水は（①　　　　　　）といいます。子宮の中にいるたい児
をとり囲んでいて、外部からの力を（②　　　　　　　）、たい児を
（③　　　　　　）はたらきをしています。

　また、たい児は、水の中に（④　　　　　　　　）ようになっていて
その中で（⑤　　　　　　）を動かすことができます。

> 守る　　手足　　うかんだ　　やわらげ　　羊水

3　次の文で正しいものには○、まちがっているものには×をつけましょう。

① （　　）　魚などはとてもたくさんのたまごをうみますが、おとな
　　　　　　になるのは、親の数とほとんど変わりません。

② （　　）　メダカも受精卵がメダカに育ちます。

③ （　　）　精子は卵子よりも大きいです。

④ （　　）　ヒトの卵子の大きさは、はり先でついたあなくらいです。
　　　　　　（0.1mm）

⑤ （　　）　ヒトの子どもはおよそ38週くらい、子宮の中で育ちます。

⑥ （　　）　24週くらいになると、子宮の中の子どもが動くのがわか
　　　　　　ります。

⑦ （　　）　赤ちゃんは子宮の中では自分自身の力でこきゅうをして
　　　　　　います。

⑧ （　　）　へそのおは赤ちゃんと母親のたいばんをつなぐ大切なも
　　　　　　のです。

1 図は、母親の体内で子どもが育っていくようすを表したものです。⑦〜⑦はそのようすを表しています。あてはまるものを選びましょう。

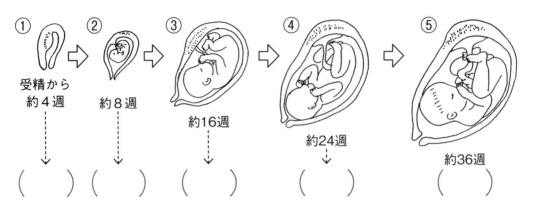

① 受精から約4週　② 約8週　③ 約16週　④ 約24週　⑤ 約36週

(　) (　) (　) (　) (　)

⑦　心ぞうの動きが活発になります。体を回転させ、よく動くようになります。

⑦　子宮の中で回転できないくらいに大きくなります。

⑦　目や耳ができます。手や足の形がはっきりします。体を動かしはじめます。

⑦　体の形や顔のようすがはっきりします。男女の区別ができます。

⑦　心ぞうが動きはじめます。

2 図は、母親の体内で子どもが育つようすをかいたものです。①〜④の名前を(　)にかき、あうものを⑦〜⑦から選び、線で結びましょう。

① (　　　)・　　・⑦ 子どもが育つところ

② (　　　)・　　・⑦ 養分などが通る管

③ (　　　)・　　・⑦ 子どもを守っている

④ (　　　)・　　・⑦ 養分やいらないものを交かんするところ

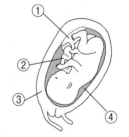

3　あとの問いに答えましょう。

(1)　ヒトのように体内で成長し、うまれたあとに乳を飲んで育つ動物
　　を何といいますか。

（　　　　　　）

(2)　(1)の仲間は、次のうちどれですか。記号を２つかきましょう。

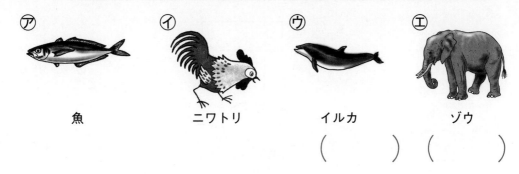

　ア　　　　　　　　イ　　　　　　　　ウ　　　　　　　　エ

　　魚　　　　　　ニワトリ　　　　　イルカ　　　　　　ゾウ

（　　　　）（　　　　）

(3)　ゾウとヒトでは、母親の体内にいる期間が長いのはどちらです
　　か。

（　　　　　　）

4　次の文は、ヒトやメダカのことについてかいてあります。メダカだ
　けにあてはまるものには◎、ヒトだけにあてはまるものには○、両方
　にあてはまるものには△をつけましょう。

①（　　）　受精しないたまごは、成長しません。

②（　　）　子どもはたまごの中で成長します。

③（　　）　たんじょうするまでに約270日もかかります。

④（　　）　子どもにかえるのに温度がおおいに関係します。

⑤（　　）　たまごの中の養分で成長します。

⑥（　　）　親から養分をもらいます。

⑦（　　）　受精後におす、めすが決まります。

⑧（　　）　へそができます。

5 花から実へ

◆ なぞったり、色をぬったりしてイメージマップをつくりましょう

1つの花におしべ・めしべがあるもの　アブラナ アサガオ

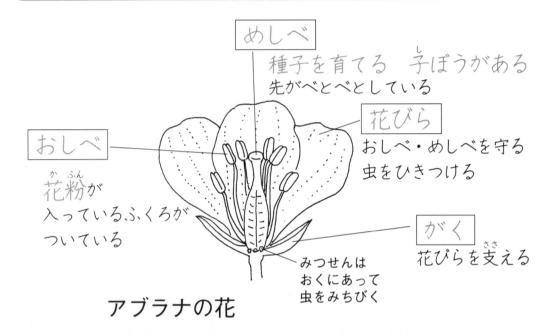

めしべ
種子を育てる　子ぼうがある
先がべとべとしている

花びら
おしべ・めしべを守る
虫をひきつける

おしべ
花粉が
入っているふくろが
ついている

がく
花びらを支える

みつせんは
おくにあって
虫をみちびく

アブラナの花

おばな、めばなの区別があるもの　カボチャ ヘチマ

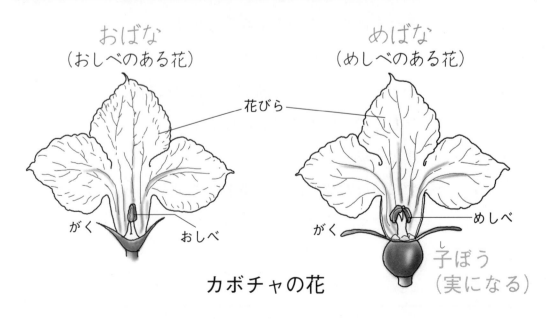

おばな
（おしべのある花）

めばな
（めしべのある花）

花びら

がく　おしべ

がく　めしべ

子ぼう
（実になる）

カボチャの花

受粉（めしべに花粉がつくこと）

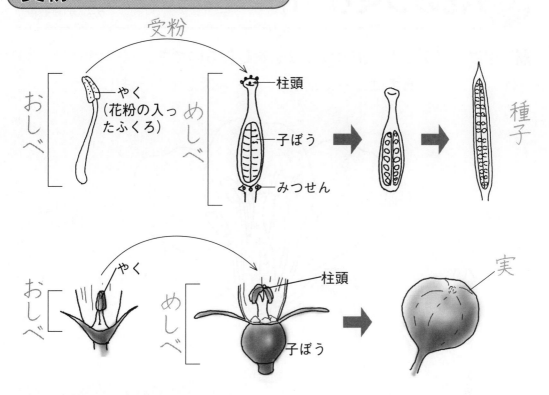

いろいろな花粉

こん虫が運ぶ花粉

- 目立つ色
- におい
- とっき

アブラナ

カボチャ

アサガオ

ヘチマ

風に運ばれる花粉

- 小さく軽い
- ふくろ

トウモロコシ

スギ

マツ

⑤ 花のつくり (1)

1 図は、アブラナの花のつくりを表したものです。

(1) （　　）にあてはまる名前を ▭ から選んでかきましょう。

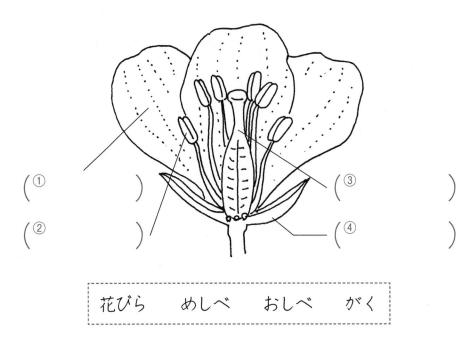

（① 　　　　　　　）　　　　　　　　（③ 　　　　　　　）

（② 　　　　　　　）　　　　　　　　（④ 　　　　　　　）

```
花びら　　めしべ　　おしべ　　がく
```

(2) 次の部分のはたらきについて、正しい文に○をつけましょう。

① 花びら

㋐（　　）　花びらは虫をひきつけたり、おしべやめしべを守る
　　　　　　はたらきをしています。

㋑（　　）　花びらは虫が中の方へ入らないようにしています。

㋒（　　）　花びらはみつをすわれないように守っています。

② がく

㋐（　　）　がくは、花びらや中のめしべ、おしべを支えていま
　　　　　　す。

㋑（　　）　がくは、虫が上がってこないように守っています。

㋒（　　）　がくは、虫からみつを守っています。

2 図は、カボチャの花のつくりを表たものです。

(1) ☐ に、おばな・めばなをかきましょう。また、（　　）にあてはまる名前を ☐ から選んでかきましょう。

①

②

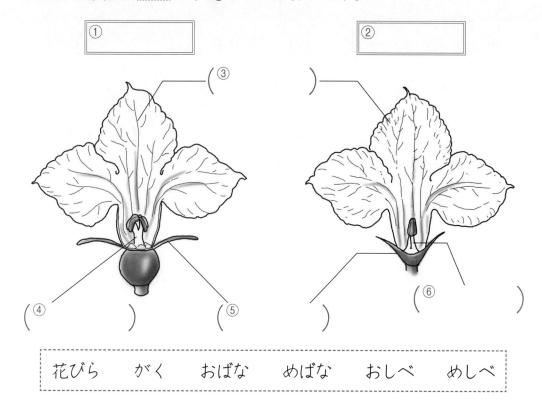

(　③　)

(　④　　　)　　(　⑤　　)

(　⑥　　　　)

花びら　　　がく　　　おばな　　　めばな　　　おしべ　　　めしべ

(2) 次の部分のはたらきについて、正しい文に○をつけましょう。

① めしべ

⑦（　　）花粉を出して、おしべに受粉します。

④（　　）おしべの花粉を受粉して種や実を育てます。

⑨（　　）みつを出します。

② おしべ

⑦（　　）やくという花粉の入ったふくろを持っています。

④（　　）実を育てます。

⑨（　　）みつを出して、虫をよびよせます。

⑤ 花のつくり (2)

1 次の文は、花のつくりについてかいたものです。(　　)にあてはまる言葉を☐☐から選んでかきましょう。

(1) アブラナや(① 　　　　　　)の花には、１つの花に(② 　　　　)やめしべがあります。しかし、カボチャや(③ 　　　　　)の花にはおばなや(④ 　　　　　)とよばれる区別できる花がさき、おばなには(⑤ 　　　　)が、めばなには(⑥ 　　　　　)があります。

> ヘチマ　　アサガオ　　おしべ　　おしべ　　めしべ　　めばな

(2) めしべの先は丸く、(① 　　　　　)しています。もとの方はふくらんでいます。これは、(② 　　　　)になる部分です。おしべの先には(③ 　　　　)があり、(④ 　　　　)が入っています。

> やく　　花粉(かふん)　　べとべと　　実

2 右の図は、アブラナの花のつくりを表したものです。あとの問いに答えましょう。

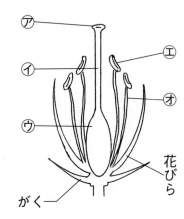

(1) 花粉がつくられるのは、㋐～㋛のどこですか。　　　　(　　　)

(2) 花がさいたあと実になるのは、㋐～㋛のどこですか。　　　　(　　　)

(3) おしべでつくられた花粉がつくのは、㋐～㋛のどこですか。

(　　　)

おうちの
方へ　アサガオは、おしべ、めしべが1つの花にあります。ヘチマは、
おばなにおしべ、めばなにめしべと分かれています。

③　次の部分のはたらきとして正しいものを線で結びましょう。

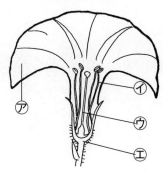

アサガオ

ア　・　　・　花びらやめしべ、おしべを
支える

イ　・　　・　目立つ色で虫をひきつける

ウ　・　　・　花粉の入ったふくろがあり、
花粉を出す

エ　・　　・　花粉がつき受粉すると実を
育て種子ができる

④　図は、ヘチマの花のつくりを表したものです。（　　）にあてはまる
言葉を　　　から選んでかきましょう。また、　　　には、おばな・め
ばなをかきましょう。

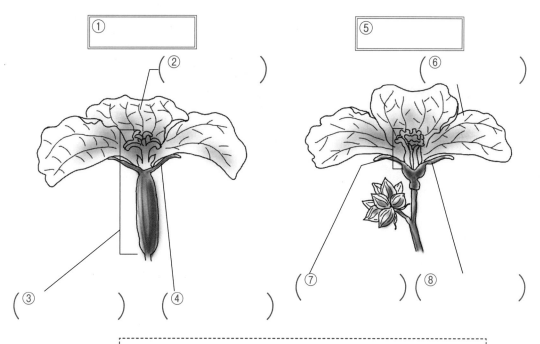

①
（②　　　　　　　　）
（③　　　　　） （④　　　　　）

⑤
（⑥　　　　　　　　）
（⑦　　　　　） （⑧　　　　　）

めばな　　おばな　　がく　　がく　　めしべ
おしべ　　花びら　　花びら

⑤ 受 粉 (1)

1 次の（　）にあてはまる言葉を ▭ から選んでかきましょう。

(1) おしべの先についている粉のようなものを
（①　　　）といい、これを（②　　　　）
で見ると右のように見えます。また、（③　　　）の
先（柱頭）をさわるとべとべとしていて、よく
見ると、その粉がついていました。

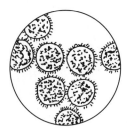

> けんび鏡　　花粉　　めしべ

(2) この粉は、ミツバチなど（①　　　）の体にくっつきやすくな
っていて、（②　　　）から（③　　　）へ運ばれます。おしべ
の（④　　　）がめしべにつくことを（⑤　　　）といいます。

> 花粉　　めしべ　　おしべ　　こん虫　　受粉

(3) マツの花粉は（①　　　）に運ばれて受粉します。そのため小さ
くて、（②　　　）もついています。また、一度に（③　　　）
とぶため、花粉しょうの原因になったりします。

> たくさん　　風　　ふくろ

(4) トウモロコシは、おばなが（①　　　）より
（②　　　）にあり、（③　　　）でとばされた花粉が下に
落ちてきて（④　　　）に受粉するようになっています。

> 風　　めしべ　　上　　めばな

2　アサガオの花を使って、花粉のはたらきを調べる実験をしました。

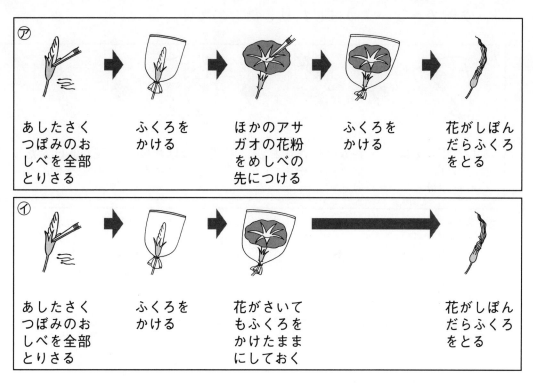

ⓐ

あしたさく
つぼみのお
しべを全部
とりさる

ふくろを
かける

ほかのアサ
ガオの花粉
をめしべの
先につける

ふくろを
かける

花がしぼん
だらふくろ
をとる

ⓘ

あしたさく
つぼみのお
しべを全部
とりさる

ふくろを
かける

花がさいて
もふくろを
かけたまま
にしておく

花がしぼん
だらふくろ
をとる

(1)　次の（　　）にあてはまる言葉を ____ から選んでかきましょう。

　つぼみのときに（①　　　　　）を全部とりさるのは、いつの

まにか自然に花粉がつくことがないようにするためです。

　つぼみにふくろをかけるのは、実験で花粉をつける以外に自然に

（②　　　　　）がつかないようにするためです。

花粉　　おしべ

(2)　ⓐ、ⓘのうち実ができるのは、どちらですか。　　　（　　　　　）

(3)　ⓐ、ⓘの２つの実験から、実ができるためには何が必要ですか。

　　（おしべの　　　　　　　　がめしべにつくことが必要です）

－67－

5 受 粉 (2)

1 次の実験は花粉のはたらきを調べるために、ヘチマを受粉させたり、受粉できないようにしたりしたものです。

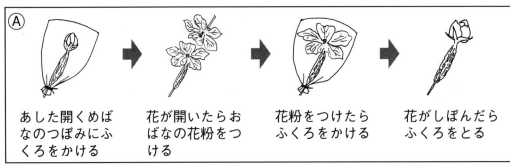

Ⓐ

あした開くめばなのつぼみにふくろをかける　➡　花が開いたらおばなの花粉をつける　➡　花粉をつけたらふくろをかける　➡　花がしぼんだらふくろをとる

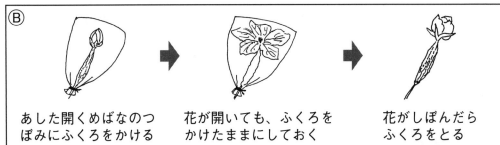

Ⓑ

あした開くめばなのつぼみにふくろをかける　➡　花が開いても、ふくろをかけたままにしておく　➡　花がしぼんだらふくろをとる

(1)　Ⓐ、Ⓑは、受粉させたか、させないか、それぞれかきましょう。

Ⓐ (　　　　　　　　)　　Ⓑ (　　　　　　　　　　)

(2)　Ⓐ、Ⓑのうち、花がしぼんだあと、やがて実になるのはどちらですか。　　　　　　　　　　　　　　　　　　　(　　　　　)

(3)　この実験について、次の文の中で正しいものには○、まちがっているものには×をつけましょう。

①　(　　)　つぼみのうちにふくろをかけるのは、花粉がたくさんできるようにするためです。

②　(　　)　つぼみのうちにふくろをかけるのは、花が開いたときに花粉がついてしまうのを防ぐためです。

③　(　　)　花粉をつけたあとまたふくろをかけるのは、花粉以外の条件を同じにするためです。

④　(　　)　花粉をつけたあとまたふくろをかけるのは、花を守るためです。

> **おうちの方へ** 花粉はこん虫によって運ばれたり、風の力で運ばれたりします。

2 次の（　　）にあてはまる言葉を ⬚ から選んでかきましょう。

(1) ミツバチなどの（①　　　　　）が花の間を飛び回り、花のおく

の（②　　　　　）をすったりすると、虫の体に

（③　　　　　）がついたり、（④　　　　　）

をゆらして（③）が飛んだりして、めしべの先

にくっついて（⑤　　　　　）します。

リンゴの花とミツバチ

┌───┐
│ みつ　　こん虫　　おしべ　　受粉　　花粉 │
└───┘

(2) トウモロコシは、（①　　　　　）で飛ばされた（②　　　　　）がめし

べの先について（③　　　　　）します。

おばな｛おしべ

めばな｛めしべ

トウモロコシ

トウモロコシのめばなは（③）しやすいよう

に（④　　　　　）ひげのような（⑤　　　　　）

になっています。

┌───┐
│ 風　　長い　　受粉　　花粉　　めしべ │
└───┘

(3) マツや（①　　　　　）の花粉は、（②　　　　　）ので（③　　　　　）に

のって数十km先に飛ばされたりします。

（④　　　　　）の原因になるのは、ほ

とんどが風で運ばれる花粉です。

マツの花粉　　スギの花粉

┌───┐
│ 花粉しょう　　軽い　　スギ　　風 │
└───┘

⑤ けんび鏡の使い方

1 次のけんび鏡の各部分の名前を □ から選んでかきましょう。

のせ台を動かす
けんび鏡

つつを動かす
けんび鏡

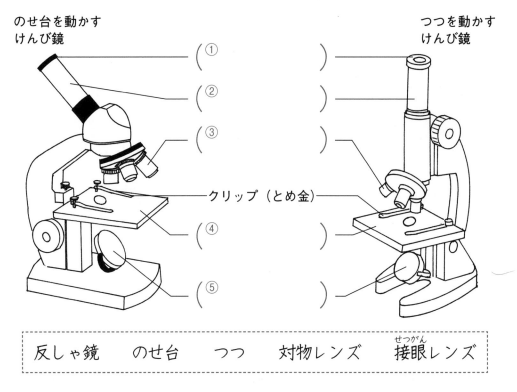

(① 　　　　　　　　)

(② 　　　　　　　　)

(③ 　　　　　　　　)

クリップ（とめ金）

(④ 　　　　　　　　)

(⑤ 　　　　　　　　)

> 反しゃ鏡　　のせ台　　つつ　　対物レンズ　　接眼レンズ

2 次の文章において、（　　）の中の正しいものに○をつけましょう。

けんび鏡では、倍率を（① 高く ・ 低く ）すると、見えるはん囲は
（② 広く ・ せまく ）なり、見たいものは大きく見えます。

けんび鏡で見ると、上下左右は（③ 同じ ・ 逆 ）に見えます。

つまり、見るものを左上にしたいときは、プレパラートを
（④ 左上 ・ 右下 ）に動かします。

けんび鏡の倍率は、対物レンズの倍率と接眼レンズの倍率の
（⑤ たし算 ・ かけ算 ）の式で表すことができます。

3　次の図は、けんび鏡の使い方を表したものです。（　　）にあてはま
る言葉を□から選んでかきましょう。

❶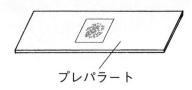

プレパラート

❷

❸

❹

❺

スライドガラスの上に観察するもの
をのせて、（①　　　　　　　）をつ
くります。けんび鏡は、直接日光の
（②　　　　　　　）平らなところに置き
ます。

　一番（③　　　　）倍率にします。

　（④　　　　　　　　）をのぞきながら、
（⑤　　　　　　　）の向きを変えて、明る
く見えるようにします。

　プレパラートを（⑥　　　　　　）の上に
置きます。

　横から見ながら（⑦　　　　　　）を少
しずつ回し、（⑧　　　　　　　）とプレ
パラートの間を（⑨　　　　　　）します。

　（④）をのぞきながら（⑦）を回し、
対物レンズとプレパラートの間を少し
ずつ（⑩　　　　　）、ピントをあわせます。

あたらない　　調節ねじ
対物レンズ　　接眼レンズ
反しゃ鏡　　のせ台　　プレパラート
広げ　　低い　　せまく

—71—

⑤ 花から実へ まとめ (1)

1 図は、アサガオとカボチャの花のつくりをかいたものです。これについて、あとの問いに答えましょう。

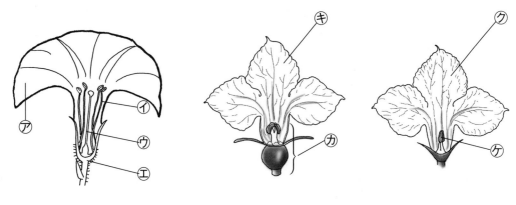

アサガオ　　　　　　　　　　　カボチャ

(1) もとの方がふくらんでいて、やがて実になるのはどこですか。記号で答えましょう。

アサガオ （　　　　）　　　カボチャ （　　　　）

(2) (1)の部分を何といいますか。　　　　　　　（　　　　　）

(3) (1)の部分の特ちょうとして、正しいものを次の①～③から選びましょう。　　　　　　　　　　　　　　　（　　　　　）

① 先にふくろがあり、粉のようなものが入っています。
② 先は、丸くべとべとしています。
③ おばなにあります。

(4) 先から花粉が出てくるのはどれですか。記号で答えましょう。

アサガオ （　　　　）　　　カボチャ （　　　　）

(5) (4)の部分を何といいますか。　　　　　　　（　　　　　）

2 次の植物について、あとの問いに答えましょう。

Ⓐ カボチャ　　　　Ⓑ アブラナ　　　　Ⓒ トウモロコシ

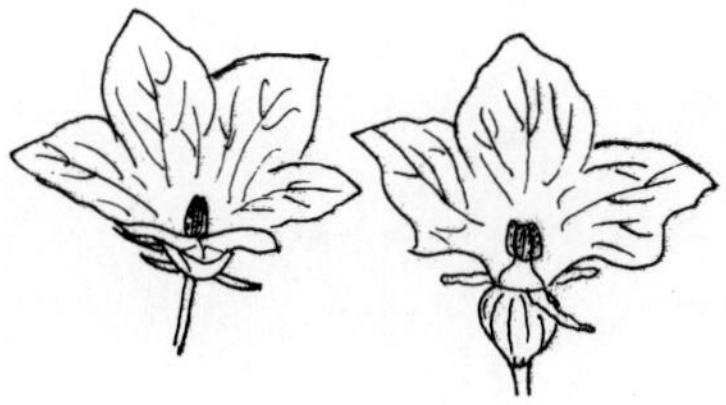

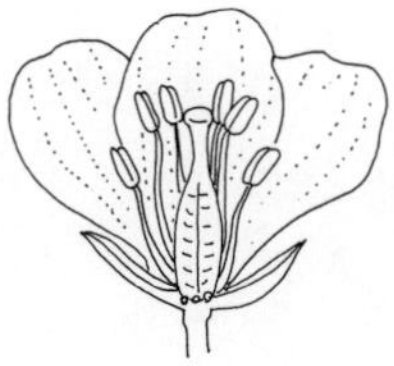

(1) 花粉がめしべの先につくことを何といいますか。正しい方に○を
つけましょう。　　　　　　　　　　　　　　（ 受粉 ・ 受精 ）

(2) 花粉がこん虫によって運ばれるのはどれですか。2つ選び、記号
で答えましょう。　　　　　　　　　（　　　）（　　　）

(3) めばなとおばながあるのはどれですか。2つ選び、記号で答えま
しょう。　　　　　　　　　　　　　　（　　　）（　　　）

(4) 先の方にさいたおしべの花粉が下のひげのような長いめしべに落
ちてくるのはどれですか。記号で答えましょう。
　　　　　　　　　　　　　　　　　　　　（　　　）

(5) 右の図はどの植物の花粉ですか。記号で答え
ましょう。　　　　　　　　　　　（　　　）

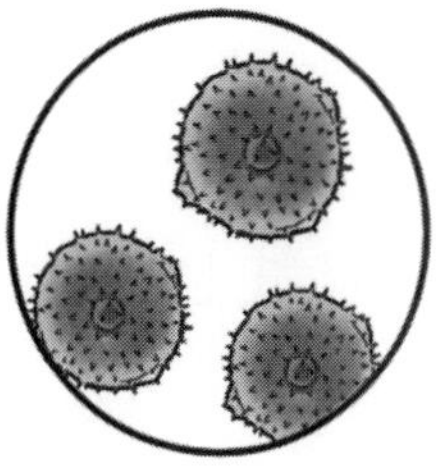

(6) 花粉はかいぼうけんび鏡、けんび鏡のどちら
を使えば右の図のように見えますか。
　　　　　　　　　　　　　（　　　　　　）

⑤ 花から実へ まとめ (2)

1 図は、カボチャの花のつくりをかいたものです。あとの問いに答えましょう。

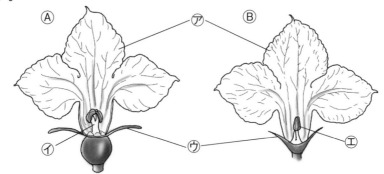

(1) ⑦～⑤の名前をかきましょう。

⑦ (　　　　　　　　　)　　⑦ (　　　　　　　　　)

⑦ (　　　　　　　　　)　　⑤ (　　　　　　　　　)

(2) 次の文は、⑦～⑤のどのはたらきについてかいたものですか。記号でかきましょう。

① (　　) めしべやおしべを支えます。

② (　　) 虫をひきつけ、おしべやめしべを守ります。

③ (　　) 受粉したあと、種や実を育てます。

④ (　　) 花粉の入ったふくろがあります。

(3) Ⓐ、Ⓑの花は、それぞれ何とよばれますか。

Ⓐ (　　　　　　　　　)　　Ⓑ (　　　　　　　　　)

(4) 次の①～④のうち、Ⓐについてかいたものを 2 つ選んで○をつけましょう。

① (　　) この花にはめしべがあります。

② (　　) この花はしぼんだあと、つけねから落ちてしまいます。

③ (　　) この花のつけねあたりに、実ができます。

④ (　　) この花のおしべで花粉がつくられます。

2 図は、花粉のはたらきを調べる実験です。

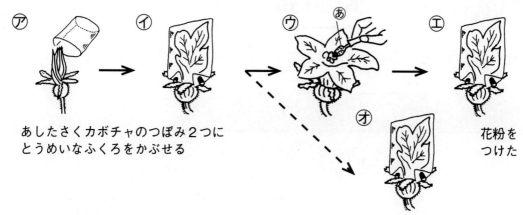

あしたさくカボチャのつぼみ２つに
とうめいなふくろをかぶせる

花粉を
つけた

花粉をつけない

(1) どの花にふくろをかぶせますか。○をつけましょう。

① おばな（　　　）　　　② めばな（　　　）

(2) ふくろをかぶせるのはなぜですか。（　　　）にあてはまる言葉をか
きましょう。

自然に（　　　　　　　　　）がつかないようにするため

(3) ⑦で、手に持っている⑧は何ですか。（　　　）にあてはまる言葉を
かきましょう。

花粉がついた（　　　　　　　　　）

(4) 実ができるのは、⊆・⑦のどちらですか。記号をかきましょう。

（　　　）

3 次の植物について、めばなとおばながあるのはどれですか。３つ選
んで記号でかきましょう。

（　　　）（　　　）（　　　）

Ⓐ カボチャ

Ⓑ マツ

Ⓒ アブラナ

Ⓓ トウモロコシ

ホップ

⑥ 流れる水のはたらき

◆　なぞったり、色をぬったりしてイメージマップをつくりましょう

流れる水の３つのはたらき

しん食作用　周りの地面をけずる

運ぱん作用　土やすなを運ぶ

たい積作用　運んだ土やすなを
　　　　　　積もらせる

けずる

運ぶ

積もら
せる

流れる水の速さとはたらき

流れが速い
しん食・運ぱん

流れが曲がっている
外側　流れが速く、しん食、運ぱん
内側　流れがおそく、たい積

流れがおそい
たい積

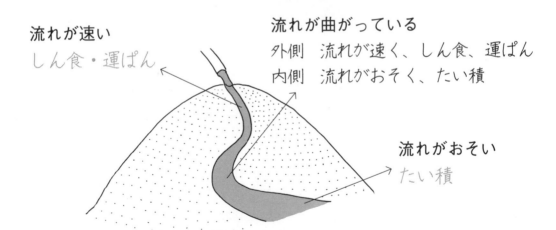

流れる水の量とはたらき

水量が多い　　しん食　運ぱん
水量が少ない　たい積

川の水のはたらきと土地の変化

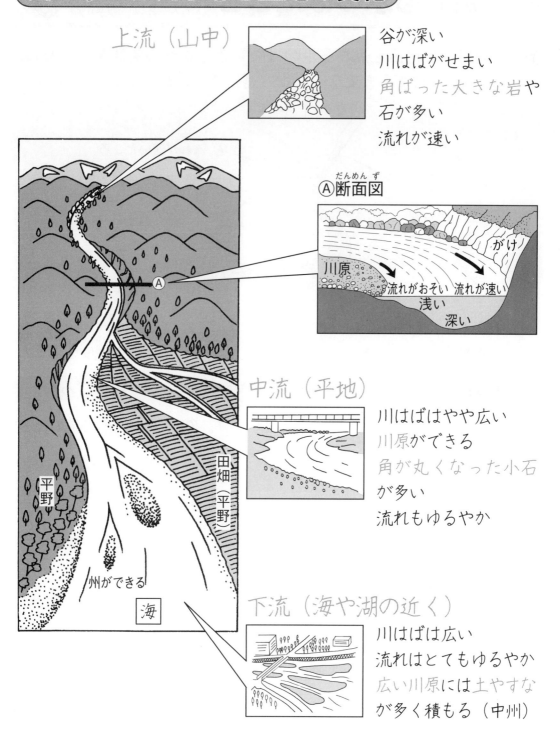

上流（山中）

谷が深い
川はばがせまい
角ばった大きな岩や
石が多い
流れが速い

Ⓐ断面図

川原
がけ
流れがおそい　流れが速い
浅い
深い

中流（平地）

川はばはやや広い
川原ができる
角が丸くなった小石
が多い
流れもゆるやか

平野

田畑（平野）

州ができる

海

下流（海や湖の近く）

川はばは広い
流れはとてもゆるやか
広い川原には土やすな
が多く積もる（中州）

⑥ 流れる水のはたらき (1)

1 図のような地面を流れる水のはたらきを調べる実験をしました。
（　　）にあてはまる言葉を ▭ から選んでかきましょう。

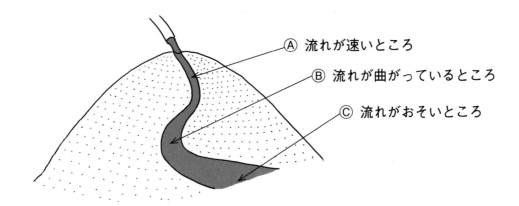

Ⓐ 流れが速いところ
Ⓑ 流れが曲がっているところ
Ⓒ 流れがおそいところ

(1)　流れる水には、流れながら地面を（①　　　）はたらきがあり
ます。Ⓐのように水の流れる速さが（②　　　）ところでは、
（①）はたらきも（③　　　）なります。Ⓒのように水の流れる速
さが（④　　　）ところでは、（⑤　　　）を積もらせる
はたらきが大きくなります。

> 速い　　おそい　　けずる　　大きく　　運んだ土

(2)　Ⓑのように流れが曲がっているところでは、外側は流れる速さが
（①　　　）、けずるはたらきと（②　　　）はたらきが大きく
なります。また、内側では、流れる速さが（③　　　）、
（④　　　）はたらきが大きくなります。そのため、外側
の方が川の深さが（⑤　　　）なります。

> 速く　　おそく　　積もらせる　　深く　　運ぶ

2 次の（ 　　）にあてはまる言葉を [＿＿] から選んでかきましょう。

Ⓐ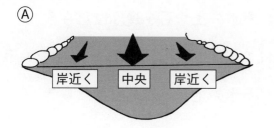

Ⓑ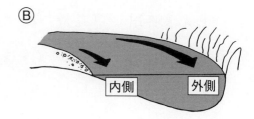

(1) Ⓐのように川の流れがまっすぐなところでは、川の水の流れは中
央が（① 　　　　）、岸に近いほど（② 　　　　　　）なります。そのた
め川底の深さは（③ 　　　　　）が深くなっています。そして、両岸近
くには、小石やすなが積もって、（④ 　　　　　　）になっています。

> 川原　　速く　　おそく　　中央

(2) Ⓑのように川の流れが曲がっているところでは、川の水の流れは
外側が（① 　　　　）、内側が（② 　　　　　）なります。そのため、
外側の岸は（③ 　　　　）になり、川底は深くなります。

> がけ　　速く　　おそく

(3) 水の量が増えると流れは（① 　　　　）なり、（② 　　　　　　）はた
らきと、（③ 　　　　　　）はたらきが大きくなります。

　　水の量が減ると流れが（④ 　　　　　）なり、運んだものを
（⑤ 　　　　　）はたらきが大きくなります。

> けずる　　運ぶ　　積もらせる　　速く　　おそく

⑥ 流れる水のはたらき (2)

1 次の言葉とその説明を線で結びましょう。

① しん食作用　・　　　・ ⑦ 流れる水が土や石を運ぶはたらき

② 運ぱん作用　・　　　・ ⑦ 流れてきた土や石を積もらせるはたらき

③ たい積作用　・　　　・ ⑦ 流れる水が地面をけずるはたらき

2 図のような地面を流れる水のはたらきを調べる実験をしました。
( )にあてはまる言葉を ▭ から選んでかきましょう。

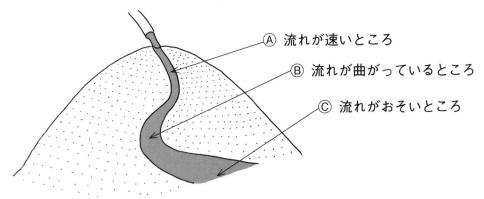

Ⓐ 流れが速いところ

Ⓑ 流れが曲がっているところ

Ⓒ 流れがおそいところ

　　Ⓐは、土の山のかたむきが大きく、水の流れが(①　　　　)なります。そのため(②　　　　)作用と(③　　　　)作用が大きくなります。Ⓒは、かたむきが小さく、水の流れが(④　　　　)なります。Ⓒでは(⑤　　　　)作用が大きくなります。

　　Ⓑでは、外側と内側で水の流れるようすがちがいます。Ⓑの外側では、水の流れが(⑥　　　　)、内側では流れが(⑦　　　　)なります。そのためⒷの外側は(⑧　　　　)作用と(⑨　　　　)作用が、内側では(⑩　　　　)作用が大きくなります。

```
たい積　速く　運ぱん　おそく　しん食　　●2回ずつ使います
```

③　図は、川の曲がっているところの断面図（だんめんず）です。（　　）にあてはまる言葉を□から選んでかきましょう。

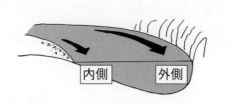

内側　　外側

曲がっているところの内側は、流れの速さが（①　　　）なります。そのため岸は（②　　　）になっていることが多いです。

曲がっているところの外側は、流れの速さが（③　　　）なります。そのため川底が（④　　　）なっています。また岸は（⑤　　　）になっていることが多いです。

┌─────────────────────────┐
　　川原　　がけ　　速く　　深く　　おそく
└─────────────────────────┘

④　次の（　　）にあてはまる言葉を□から選んでかきましょう。

土地のかたむきが大きいところでは、（①　　　）作用と（②　　　）作用が大きくなります。かたむきが小さいところでは、（③　　　）作用が大きくなります。

水を流す

かたむきが
大きい

かたむきが
小さい

水の量が多いときには、流れが速くなるので、（④　　　）作用と（⑤　　　）作用が大きくなります。

水の量が少ないときには、流れがおそくなるので、（⑥　　　）作用が大きくなります。

┌─────────────────────────┐
　　しん食　　たい積　　運ぱん　　●2回ずつ使います
└─────────────────────────┘

⑥ 流れる水と土地の変化

1 川の上流、中流、下流のようすをまとめました。あとの問いに答えましょう。

(1) 下の図は、上流、中流、下流のどれですか。（　　）にかきましょう。

① （　　　　　　）　　② （　　　　　　）　　③ （　　　　　　）

(2) 次の（　　）にあてはまる言葉を▢▢▢▢から選んでかきましょう。

	上　流	中　流	下　流
水の速さ	流れが（①　　　　）	流れがゆるやか	流れがさらに（②　　　　）
川岸のようす	両岸が（③　　　　）になっている	曲がっているところの内側は川原、外側はがけになっている	中流よりも（④　　　　）が広がり（⑤　　　　）もできている
石のようす	大きくて（⑥　　　　）石がごろごろしている	（⑦　　　　）小石が多くなる	細かい土やすながたくさん積もる

> 丸みのある　速い　ゆるやか　川原　中州（なかす）　がけ　角ばった

2　次の図を見て、（　　）にあてはまる言葉を□□□から選んでかきましょう。

㋐

(1)　㋐は川の（①　　　　）のようすです。山のしゃ面のかたむきが（②　　　　）て、川の流れが（③　　　　）、地面を大きく（④　　　　）します。そうしてV字型のような（⑤　　　　）ができます。

> 深い谷　　しん食　　上流
> 速く　　大きく

㋑

(2)　㋑は川の（①　　　　）のようすです。

　川がいくつもに分かれて（②　　　　）ができています。これは、川の水が土やすなを（③　　　　）してできたものです。

　㋒は三日月湖といって（④　　　　）などで、川の道すじが変わったためにとり残された川の一部です。

　三日月湖は新しい川の（⑤　　　　）のはたらきによってできます。

㋒

> こう水　　中州　　下流
> しん食　　たい積

⑥ 川とわたしたちのくらし

1 次の(　　)にあてはまる言葉を□□□から選んでかきましょう。

(1) 大雨がふると川の(①　　　　)が増え、流れも(②　　　　)なります。すると流れる水の(③　　　　)が大きくなり、川岸が(④　　　　)たり、(⑤　　　　)が起こったりして、(⑥　　　　)を起こすことがあります。

> こう水　　水量　　はたらき　　速く　　災害　　けずられ

(2) ㋐は、水の流れを(①　　　　)ために川底に(②　　　　)をつけています。そして、中央には(③　　　　)の通り道をつくるというくふうもしてあります。

㋐

> だん差　　弱める　　魚

(3) ㋑は、てい防に(①　　　　)を使っています。これは、流れる水のはたらきで、てい防が(②　　　　)のを防ぐとともに、できるだけ(③　　　　)に近いものにするためです。(④　　　　)がはえ、(⑤　　　　)などのすみかになります。

㋑

> 植物　　自然の石　　自然　　虫　　けずられる

おうちの方へ 流れる水のはたらきから私たちの暮らしを守るために、堤防や砂防ダムなどについて学習します。

2 図を見て、あとの問いに答えましょう。

Ⓐ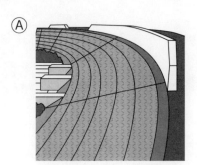
コンクリートのてい防

Ⓑ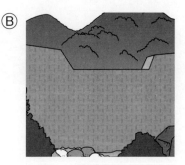
さ防ダム

(1) Ⓐ、Ⓑは、何のためにつくられましたか。⑦〜⑨から選んでかきましょう。

Ⓐ （　　　）　　　　Ⓑ （　　　）

⑦　川岸がけずられるのを防ぐため

④　川の水があふれるのを防ぐため

⑨　土やすなが流れるのを防ぐため

(2) 次の（　　）にあてはまる言葉を▢から選んでかきましょう。

川の水の量が（① 　　　）と、流れる水のはたらきが

（② 　　　）なります。ふだんおだやかな川でも、（③ 　　　）

やとつぜんの（④ 　　　）のときには、川の水が増えます。場合に

よっては、（⑤ 　　　）が起こることもあります。

```
大雨　　台風　　災害　　大きく　　増える
```

(3) Ⓑは、次のうちどちらにつくるとよいですか。（　　）に〇をつけましょう。

⑦ （　　）　急なしゃ面がある上流

④ （　　）　中州がある下流

1 次の( )にあてはまる言葉を [ ] から選んでかきましょう。

(1) 川の曲がり角の(①) 側にがけができるのは、流れてきた(②) が川岸にぶつかり、長い間に川岸の土や岩を(③) し、おし流したからです。

> しん食　水　外

内側　外側

(2) 川の曲がり角の(①) 側が川原になるのは、流れが(②) なために、上流から運ばれた(③)、すなや(④) がしずんで(⑤) したからです。

> たい積　ゆるやか　内　ねん土　小石

(3) 大雨がふり、川の水の量が(①) と、流れる水のはたらきが、(②) なります。そのために、がけくずれや、てい防の決かいなどの災害が起こることがあります。そこで、ダムをつくって、川底のすなが(③) のを防いだり、コンクリートのブロックを置いたり、てい防をつくり川岸の土が(④)、流されるのを防ぐようにしています。

> 流される　けずられ　増える　大きく

2 上流、中流、下流の川のようすについて、(　　)にあてはまる言葉を 🔲 から選んでかきましょう。

(1) ⑦は、両岸が切り立ったV字型の谷で(①　　　　　)といいます。流れは(②　　　　)て(③　　　　　)岩が多く、石の形は(④　　　　　)しています。

　　⑦は、山のふもとを流れています。水の流れは、少し(⑤　　　　　)で、川原には(⑥　　　　)をおびた大きな石が多くあります。

| 速く　　V字谷　　ごつごつ　　ゆるやか　　丸み　　大きな |

(2) ⑦は、川はばがさらに広がり、流れは(①　　　　　)で、川原には(②　　　　)石やすなが多くなります。

　　⑦は、川は広い平野を、より(③　　　　　)と流れ、川の深さは(④　　　)、川原にはすなや(⑤　　　　　)が多くなります。図の🅐のように(⑥　　　　)ができたりします。

| ゆるやか　　ゆったり　　小さい　　浅く　　中州　　ねん土 |

⑥ 流れる水のはたらき まとめ ⑵

1 図のように水を流しました。あとの問いに答えましょう。

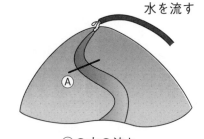

水を流す

(1) 水を流し終えたあとのようすとして正しいものはどれですか。（　　　）

たまった土や石

ア　　イ　　ウ

Ⓐの水の流れ

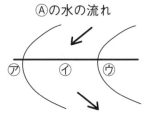

ア　イ　ウ

(2) Ⓐの水の流れで、流れが速いのはⓐ〜ⓒのどれですか。（　　　）

(3) 水を流し終えたあとのⒶの川の断面をかきましょう。

―――――――――――――――――――― 水面
　ア　　　　　　　　　　　　　　ウ

(4) 流す水の量を増やすと、流れる水の速さや地面をけずるはたらきは、それぞれどうなりますか。

① 水の速さ　　　（　　　　　　　）

② けずるはたらき（　　　　　　　）

(5) 次の（　　）にあてはまる数や言葉をかきましょう。

流れる水のはたらきは、（①　　　　　）つあります。そのうち、石やすなを運ぶはたらきを（②　　　　　）作用といいます。水の流れが（③　　　　）ところや水の量が（④　　　　　　）と、このはたらきは大きくなります。

2 図は、川の断面を表したものです。あとの問いに答えましょう。

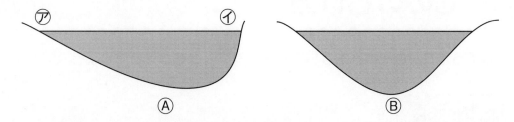

(1) 川の曲がっているところの断面を表しているのは⡀、⡂のどちら
ですか。　　　　　　　　　　　　　　　　　　　　　　（　　　　）

(2) ⡀の図で、川岸が次のような地形になっているのは、⑦、⑦のど
ちらですか。

① がけになっている（　　　　　）

② 川原になっている（　　　　　）

(3) 次の文で、正しいものに〇をつけましょう。

川原ができるのは、流れる水が運んだ土を積もらせるはたらきが
もう一方の川岸より（① 大きい ・ 小さい ）からです。

⡂のように川の中央が深くなるのは、中央付近がはしに比べて、
流れが（② 速い ・ おそい ）からです。

3 次の文は、上流、中流、下流のうちどこのようすを表したものです
か。（　　　）にかきましょう。

① 川はばはせまく、水の流れが速いです。　　　　　（　　　　）

② 丸みをおびた小石が川原にたくさん積もっています。

（　　　　）

③ 角ばった大きな岩があります。　　　　　　　　　（　　　　）

④ 水の流れがとてもゆるやかで、すなのたまった中州ができていた
りします。　　　　　　　　　　　　　　　　　　　（　　　　）

⑤ 両岸ががけになっています。　　　　　　　　　　（　　　　）

ホップ

7 もののとけ方

◆　なぞったり、色をぬったりしてイメージマップをつくりましょう

水よう液 …ものが水にとけた液

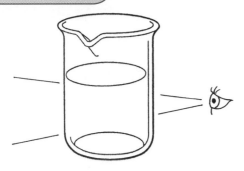

「水にとける」

① つぶが見えない
② すき通っている
③ 全体が同じこさ

①～③がすべてあてはまる

水にとけるもの・とけないもの

とける……食塩・さとう・ミョウバン・ホウ酸

とけない…石けん・小麦粉・牛にゅう

（水よう液の重さ）＝（水の重さ）＋（とけたものの重さ）

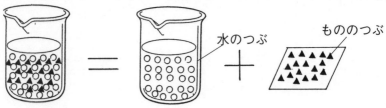

水のつぶ　もののつぶ

水の温度とものがとける量
（水の量は50mL）

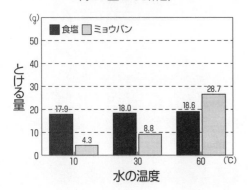

ミョウバンは、水の温度を上げるととける量が増えます。

食塩は、水の温度を上げても、とける量はあまり変わりません。

水の量とものの とけ方

（水温は同じ）

水50g　　　　　　　水80g

とける量が　　　　　とける量が
少ない　　　　　　　多い

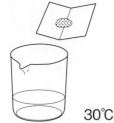　　　

　　　　　30℃

水の温度とものの とけ方

（水の量は同じ）

低い（20℃）　　　　高い（60℃）

とける量が　　　　　とける量が
少ない　　　　　　　多い

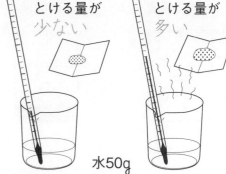

　　　　　水50g

とけているものを取り出す

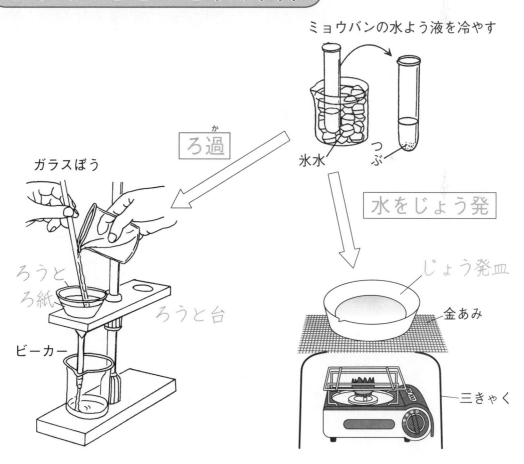

ミョウバンの水よう液を冷やす

氷水　　　つぶ

ろ過（か）

ガラスぼう

ろうと
ろ紙

ろうと台

ビーカー

水をじょう発

じょう発皿

金あみ

三きゃく

7 もののとけ方

1 コーヒーシュガーをお茶パックに入れて、ビーカーの水の中に入れました。次の図はそのとけるようすを表したものです。

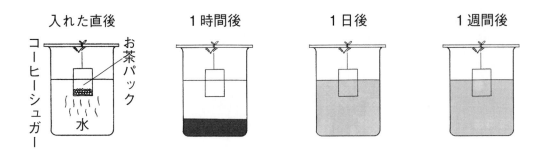

次の（　　　）にあてはまる言葉を ⬚ から選んでかきましょう。

入れた直後から、お茶パックの下から、うすい（① 　　　　　）のもやもやしたものが見られます。

コーヒーシュガーの（② 　　　　　）が見えなくなり、底の方が、
（③ 　　　　　）くなっています。

底の茶色いものが、少しずつ上の方に（④ 　　　　　）いきます。

ビーカー（⑤ 　　　　　）に、うすく茶色の部分が広がっています。

コーヒーシュガーをとかした水は、うすい茶色をしていますが
（⑥ 　　　　　）いるので、水よう液だといえます。

このように、水よう液には、色や味、（⑦ 　　　　　）のあるものもあります。

> におい　　茶色　　茶色　　つぶ
> のぼって　　すき通って　　全体

2 次の実験結果の表について、あとの問いに答えましょう。

	水にとかしたもの	すき通っているか、ようす	色
(㋐　　)	どろ	上の方はすき通っているが下には、すながしずんでいる	うす茶
×	みそ	上の方は(①　　　　　　　　　)が下にはかすがしずんでいる	うす茶
(㋑　　)	粉石けん	たくさんとかして、こくすると牛にゅうのように(②　　　　　　　)	白
○	食塩	すき通っているが、なめると(③　　　)がする	無色
(㋒　　)	ホウ酸(さん)	すき通っている	無色
(㋓　　)	コーヒーシュガー	すき通っている	(④　　　)

(1) ㋐～㋓で、水よう液といえるものに○、そうでないものに×をかきましょう。

(2) ①～④には、あてはまる言葉を □ から選んでかきましょう。

　　うす茶　　すき通っていない　　塩味　　すき通っている

3 次の( )にあてはまる言葉を □ から選んでかきましょう。

　ものが水にとけた液を(①　　　　　)といいます。ものを速くと
かすには、(②　　　　　)たり、(③　　　　　)たりします。
また、ものが水にとけて見えなくなっても、その(④　　　　　)はな
くなりません。

　　　　重さ　　水よう液　　かきまぜ　　あたため

7 水よう液の重さ・器具の使い方 (1)

1 ものが水にとけたとき、とけたものの重さはどうなるか、食塩を水にとかす実験をしました。次の（　　）にあてはまる言葉を□□□から選んでかきましょう。

⑦ 水 25mL
ふたつきの容器
食塩 2g
薬包紙

⑦ 食塩を入れる
ふたをしてよくふる
42g

(1) はじめに、⑦の（① 　　　）を入れた容器と、（② 　　　　）にのせた食塩をはかりにのせて、全体の（③ 　　　）をはかります。

> 重さ　　水　　薬包紙

(2) 次に⑦のように（① 　　　）を容器に入れてよくとかし、容器と薬包紙をのせ、全体の（② 　　　）をはかります。

　　⑦の重さをはかると42gでした。⑦で食塩をとかして重さをはかると、⑦と（③ 　　　）42gになりました。

> 重さ　　同じ　　食塩

(3) このことより

　　水の（① 　　　）＋（② 　　　）の重さ

　　　　　　　　　　＝食塩の（③ 　　　　）の重さ

となります。

> 食塩　　重さ　　水よう液

2 次の( )にあてはまる言葉を ┊ ┊ から選んでかきましょう。

水の体積をはかる図のような器具を（① ）といいます。この器具は水平なところに置いて使います。

50mL はかるときは、50の目もりよりも少し（② ）のところまで水を入れ、残りは（③ ）で少しずつ入れて目もりをあわせます。

右図のように、目もりは（④ ）から液面の（⑤ ）ところを読みます。

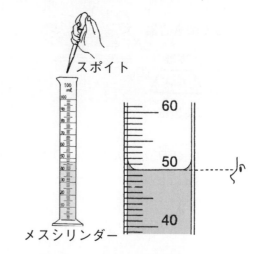

スポイト

メスシリンダー

┌─────────────────────────────┐
│ へこんだ　スポイト　下　真横　メスシリンダー │
└─────────────────────────────┘

3 次の文章において、正しい方に○をつけましょう。

アルコールランプのアルコールは、全体の（① 半分 ・ 8分目 ）くらいまで入れておきます。

アルコールランプの燃える部分のしんは、（② 3mm ・ 5mm ）くらい出します。

実験用ガスコンロのガスボンベが正しく取りつけられているかを（③ 実験前 ・ 実験後 ）に確かめます。

加熱器具は、（④ 片手 ・ 両手 ）で持ち運ぶようにします。

1 ふたつきの容器に入れた水に、食塩をとかして液の重さを調べました。あとの問いに答えましょう。

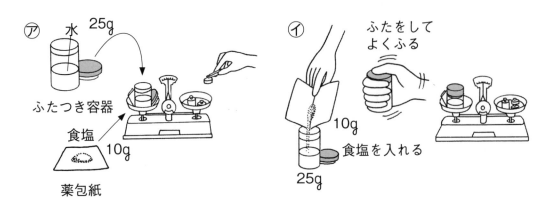

(1) 図の⑦と⑦の全体の重さを比べると、どうなっていますか。正しいものを１つ選びましょう。　　　　　　（　　　　）

① ⑦と⑦の重さは同じ。

② ⑦の方が⑦より重い。

③ ⑦の方が⑦より重い。

(2) (1)になる理由で正しいものを１つ選びましょう。　（　　　　）

① 食塩は水をすいこむので、全体の重さは重くなります。

② 食塩は水にとけてなくなったから、全体の重さは軽くなります。

③ 食塩は水にとけましたが、食塩がなくなったわけではないので、全体の重さは変わりません。

(3) この実験の結果から、食塩水の重さはどのように表すことができますか。（　　）の中に言葉を、□の中には＋、－、×、÷をかきましょう。

食塩水の重さ＝（ ① 　　）の重さ ②□ （ ③ 　　　）の重さ

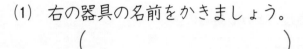

おうちの
方へ　水の量をはかるメスシリンダーや、アルコールランプなどの使い
方について学習します。

2　実験器具を使って、水を50mLはかりとります。今、図の目もりま
で水が入りました。

(1)　右の器具の名前をかきましょう。
　　　（　　　　　　　　　　　　）

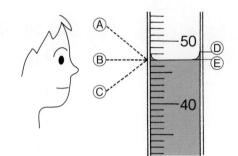

(2)　この器具は、どんな場所に置きま
　すか。（　　　　　　　　　）

(3)　目の位置はⒶ〜Ⓒのうちどれが正しいですか。

　　　　　　　　　　　　　　　　　　（　　　　）

(4)　目もりは、Ⓓ、Ⓔどちらで読めばよいですか。

　　　　　　　　　　　　　　　　　　（　　　　）

　　また、今は、何mL入っていますか。

　　　　　　　　　　　　　　　　（　　　　　　）

(5)　ちょうど50mLにするためにどんな器具を使って水をつぎたせば
　よいですか。　　　　　　　　　　　　　（　　　　　　）

3　アルコールランプの使い方について、正しいものには○、まちがっ
ているものには×をつけましょう。

①（　　）　アルコールは、満タンにしておきます。

②（　　）　しんが、アルコールにしっかりつかっているか確かめま
　　　　　す。

③（　　）　火をつける部分のしんの長さは5〜6mmがよいです。

④（　　）　火を消すときは、ふたをななめ上から静かにかぶせます。

7 水にとけるものの量 (1)

1 次のグラフを見て、(　　)にあてはまる数や言葉を ▢ から選んでかきましょう。

50mLの水の温度ととける量との関係

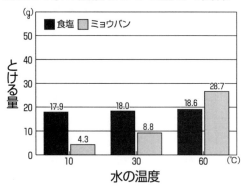

(1) 50mLの水にとける食塩の量は、10℃の水では17.9gで、30℃の水では(① 　　　)gで、60℃の水では(② 　　　)gです。

```
18.6     18.0
```

(2) また、50mLの水にとけるミョウバンの量は、10℃の水では4.3gで、30℃の水では(① 　　　)gで、60℃の水では(② 　　　)gです。

```
28.7     8.8
```

(3) このグラフからわかることは、(① 　　　　)が高ければ、とける量が(② 　　　)なります。また、食塩とミョウバンではとける量が(③ 　　　　)ます。

```
ちがい　　温度　　多く
```

2　1のグラフを見て、次の文で正しいものには○、まちがっているも
のには×をつけましょう。

① （　　）　ミョウバンは水の温度が上がると、とける量も増えます。

② （　　）　食塩は、水の温度が上がっても、とける量がほとんど変
わりません。

③ （　　）　60℃の水50mLに20gの食塩が全部とけます。

④ （　　）　30℃の水50mLに15gのミョウバンをとかすと、とけ残り
が出ます。

⑤ （　　）　ミョウバンは、水の温度が上がっても、とける量がほと
んど変わりません。

⑥ （　　）　決まった量の水には、ものがとける限度があります。

3　3つのビーカーに、それぞれ10℃、30℃、60℃の水が同じ量ずつ入
っています。これらに同じ量のミョウバンを入れ、かきまぜると、2
つのビーカーでとけ残りが出ました。

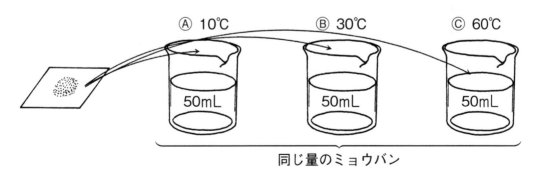

Ⓐ 10℃　　　Ⓑ 30℃　　　Ⓒ 60℃

50mL　　　50mL　　　50mL

同じ量のミョウバン

(1)　全部がとけてしまったのは、Ⓐ～Ⓒのどれですか。（　　　　　）

(2)　ミョウバンのとけ残りが一番多かったのはどれですか。

（　　　　　）

7 水にとけるものの量 (2)

1 次のⓐとⓘのグラフを見て、あとの問いに答えましょう。

ⓐ
10℃の水の量ととける量との関係

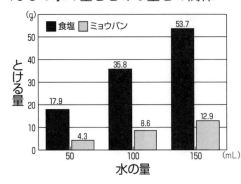

ⓘ
50mLの水の温度ととける量との関係

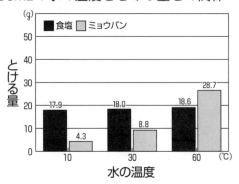

(1) 次の（　）にあてはまる言葉を □ から選んでかきましょう。

決まった量の水にものがとける量には（①　　　　）があります。

それ以上たくさん入れると（②　　　　　）ができます。

ミョウバンでは、とける量は（③　　　　）によって大きく変わ

ります。温度が（④　　　　）なれば、とてもたくさんとけます。

食塩は、温度が上がっても（⑤　　　　　）はほとんど変わ

りません。

> とける量　　とけ残り　　限度（げんど）　　温度　　高く

(2) 10℃の水50mLにとかすことのできる量が多いのは、食塩とミョ
ウバンのどちらですか。

（　　　　　　　）

2 　1のグラフを見て、あとの問いに答えましょう。

(1) 次のとき、すべてとかすにはどうすればいいですか。⑦～⑨から選びましょう。

　　① (　　) 30℃の水50mLに食塩20gを入れてとけ残りが出たとき

　　② (　　) 30℃の水50mLにミョウバン20gを入れてとけ残りが出たとき

　　⑦　水の量を増やす　　⑦　温度を上げる　　⑨　温度を下げる

(2) 60℃の水50mLにとけるだけのミョウバンをとかしました。この水よう液が、30℃に温度が下がったとき、ミョウバンのとけ残りは何gになりますか。

(　　　　　　　　)

3 　同じ温度の水を50mL入れた３つのビーカーに4g、6g、8gのミョウバンを入れてよくかきまぜました。□の中はその結果です。

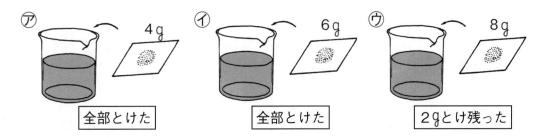

⑦ 4g 全部とけた　　⑦ 6g 全部とけた　　⑨ 8g 2gとけ残った

(1) ⑦と⑦の水よう液では、どちらがこい水よう液ですか。

(　　　　　　　　)

(2) ⑨で水にとけたミョウバンの重さは何gですか。　(　　　　　)

(3) (2)から考えて、⑦の水よう液には、あと何gのミョウバンをとかすことができますか。　(　　　　　)

7 とけているものを取り出す

1 次の( )にあてはまる言葉を ▭ から選んでかきましょう。

60℃の水にミョウバンをとかしました。この水よう液を（①　　　　　）と白いつぶが出てきました。この白いつぶは（②　　　　　）で（③　　　　　）といいます。白いつぶが出てきた水よう液を再び（④　　　　　）と白いつぶは見れなくなりました。

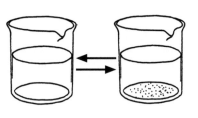

> あたためる　　冷やす　　ミョウバン　　結しょう

2 次の図は、ミョウバン水よう液の中にとけ残りができたときの取り出し方を表したものです。あとの問いに答えましょう。

(1) 右図のように水よう液にまじっているものをこしとることを何といいますか。　　　　　　　　　　（　　　　　　　）

(2) 図の⑦～⑰の名前を ▭ から選んでかきましょう。

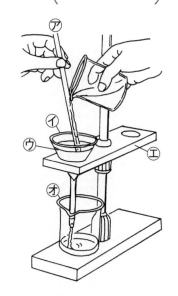

⑦　（　　　　　　　　）

⑦　（　　　　　　　　）

⑦　（　　　　　　　　）

⑦　（　　　　　　　　）

⑦　（　　　　　　　　）

> ろうと台　　ろうと　　ろ紙　　ガラスぼう　　ビーカー

3　2の図を見て、あとの問いに答えましょう。

(1) ろ紙の上に残るものは何ですか。正しい方に○をつけましょう。

　　① (　　) 水にとけていたミョウバン

　　② (　　) 水にとけなかったミョウバン

(2) ろ紙を通りぬけた液には、はじめにとかしたミョウバンは入って
　いますか。　　　　　　　　　　　(　　　　　　　　　)

4　とけているものを取り出す次のⒶ、Ⓑの実験について、あとの問い
　に答えましょう。

(1)　次の(　　)にあてはまる言葉を□□から選んでかきましょう。

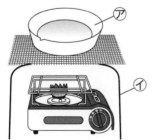

Ⓐ
ミョウバンの水よう液
とり出す
氷水　つぶ

　Ⓐでは、温度によってとける量が変わ
ることを考えて、ミョウバンを取り出し
ます。20℃の水よう液を氷水で
(①　　　　)して(②　　　　　　)の
つぶが出てくるようにしています。

Ⓑ　ミョウバンの水よう液

⑦

⑦

　Ⓑは、水よう液をあたためることで
(③　　　　)だけを(④　　　　)させ
ます。すると、じょう発皿の中に
(⑤　　　　　　)だけが残ります。

じょう発　　冷や　　ミョウバン　　ミョウバン　　水

(2) Ⓑの器具の名前をかきましょう。

⑦ (　　　　　　　　) ⑦ (　　　　　　　　)

7 もののとけ方 まとめ (1)

ジャンプ

1 水よう液について、正しいものには○、まちがっているものには×をつけましょう。

① （　　） 色のついているものは、水よう液ではありません。

② （　　） 水よう液は、すべてすき通っています。

③ （　　） ものが水にとけて見えなくなっても、とけたものはなくなっていません。

④ （　　） 水にものがとけてすき通れば、そのものの重さはなくなっています。

⑤ （　　） 石けん水は、水よう液です。

⑥ （　　） 10gの食塩を50gの水にとかして食塩水をつくりました。この食塩水の重さは60gです。

2 液の中に出てきたミョウバンをろ過して取り出しました。

(1) ⑦、⑦、⑦の用具の名前をかきましょう。

⑦ （　　　　　　　　）

⑦ （　　　　　　　　）

⑦ （　　　　　　　　）

(2) ビーカーにたまった液はすき通っていますが、ミョウバンはとけていますか。

（　　　　　　　　　　）

(3) ④の液をさらに冷やしました。どうなりますか。

ミョウバンの（　　　　　　　　　　）

3 グラフを見て、あとの問いに答えましょう。

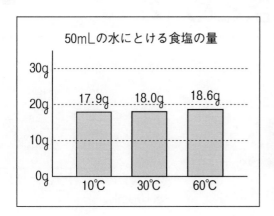

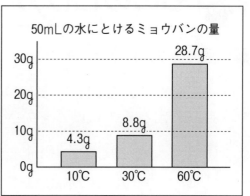

(1) 10℃の水50mLにとかすことのできる量が多いのは、食塩とミョ
ウバンのどちらですか。　　　　　　　　　　（　　　　　　　　　）

(2) 30℃の水50mLに食塩20gを入れてよくかきまぜましたが、とけ
残りがありました。すべてとかすにはどうすればいいですか。次の
㋐～㋒から選びましょう。　　　　　　　　　　　（　　　）

　　㋐　水を50mL加える。　　　　　㋑　水の温度を60℃まで上げる。
　　㋒　もっとよくかきまぜる。

(3) 60℃の水50mLにミョウバン20gをとかしたあと、この水よう液
を30℃、10℃に冷やしました。それぞれ何gの結しょうが出てき
ますか。

　　①　30℃（　　　　　）　　　②　10℃（　　　　　）

(4) 次の（　　）にあてはまる言葉を　　　から選んでかきましょう。

　　この実験から（① 　　　　）によってとける量が（② 　　　　）
ことがわかります。また、同じ温度でもとかすものによって、とけ
る量が（③ 　　　　　　）。温度によってとける量が大きく変わる
のは（④ 　　　　　）です。

┌─────────────────────────────┐
│　ミョウバン　　温度　　ちがいます　　変わる　│
└─────────────────────────────┘

7 もののとけ方 まとめ (2)

ジャンプ

1 図のように、食塩をとかしました。あとの問いに答えましょう。

(1) 次の中で、全部とけるものには○、とけ
残りが出るものには×をかきましょう。

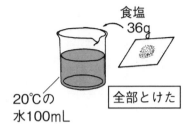

食塩
36g

全部とけた

20℃の
水100mL

　①（　　）　20℃の水10mLで食塩5g

　②（　　）　20℃の水20mLで食塩7g

　③（　　）　20℃の水50mLで食塩19g

(2) 図の食塩水のこさを調べました。正しいものに○をつけましょ
う。

　①（　　）　上の方がこい

　②（　　）　下の方がこい

　③（　　）　こさはどこも同じ

(3) 水100mL（100g）に食塩36gをとかしました。正しいものに○
をつけましょう。

　①（　　）　食塩はとけたので、全体の重さは100gです。

　②（　　）　食塩はとけたので、全体の重さは136gです。

2 あとの問いに答えましょう。

(1) 50gの水を容器に入れ、7gの食塩を入れてよくかきまぜたら、
全部とけました。できた食塩の水よう液の重さは何gですか。

（　　　　　　）

(2) 重さ50gのコップに60gの水を入れ、さとうを入れてよくかきま
ぜたら、全部とけました。全体の重さをはかったら128gでした。
とかしたさとうは何gですか。　　　　　　（　　　　　　）

(3) 重さのわからない水に食塩をとかしたら、18gとけました。でき
た水よう液の重さを調べたら、78gでした。何gの水にとかしまし
たか。

（　　　　　　）

3 グラフを見て、あとの問いに答えましょう。

あ 10℃の水の量ととける量との関係

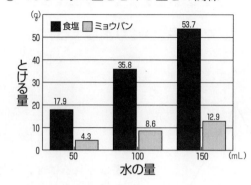

い 50mLの水の温度ととける量との関係

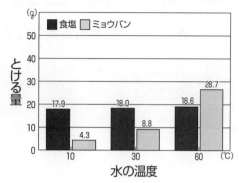

(1) 水の温度が10℃のとき、50mLの水にとける食塩とミョウバンの量は、それぞれ何gですか。

食塩 （　　　　　　　）　　ミョウバン （　　　　　　　　）

(2) 水の温度を10℃から30℃にしたとき、水にとける量があまり変わらないのは、食塩とミョウバンのどちらですか。

（　　　　　　）

(3) 50mLの水に9gのミョウバンを全部とかすためには、水の温度を何℃にすればよいですか。次の⑦～⑰から選びましょう。

⑦　10℃　　　④　30℃　　　⑰　60℃　　　（　　　）

(4) 温度が60℃で50mLの水に20gの食塩を入れてよくかきまぜました。食塩は全部とけますか、とけ残りますか。（　　　　　　）

(5) 温度が60℃で50mLの水に10gのミョウバンをとかしました。その水よう液を氷水につけ、温度を30℃に下げました。出てきたミョウバンのつぶは何gになりますか。（　　　　　　）

(6) 温度が30℃で100mLの水に食塩をとかします。最大何gまでとけますか。（　　　　　　）

⑧ ふりこのきまり

◆　なぞったり、色をぬったりしてイメージマップをつくりましょう

ふりこ

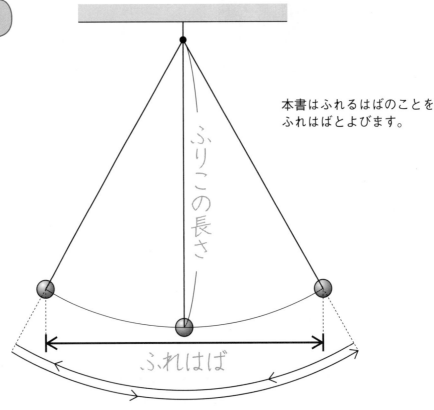

本書はふれるはばのことを
ふれはばとよびます。

ふりこの長さ

ふれはば

ふりこが1往復する時間のはかり方

① 10往復する時間を3回はかる

② 3回の平均を出す（10往復する時間）

③ 1往復する時間を出す

ふりこの利用

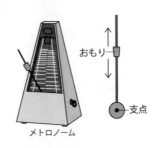

メトロノーム

おもり

支点

柱時計

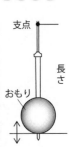

支点

長さ

おもり

ふりこが１往復する時間

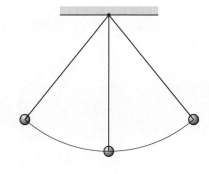
ふれはばを変える
⇩
１往復する時間は
変わらない

おもりの重さを変える
⇩
１往復する時間は
変わらない
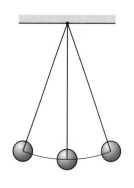

ふりこの長さを変える
⇩
１往復する時間は
変わる
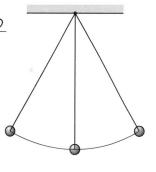

１往復する時間は
ふりこの長さで変わる！

8 ふりこのきまり (1)

月　日

ステップ

1 図は、ふりこのようすをかいたものです。㋐～㋒は、それぞれ何を表していますか。[　　]から選んでかきましょう。

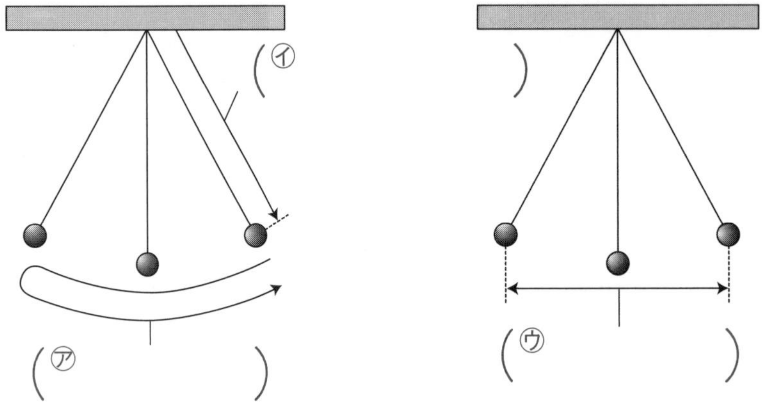

1往復（おうふく）
ふれはば
ふりこの長さ

2 ふりこが1往復する時間を調べます。正しいのはどちらですか。次の中から選びましょう。

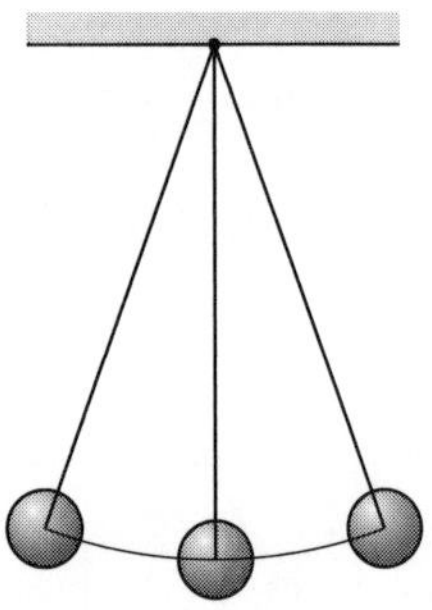

(1) ㋐（　　）ストップウォッチで、ふりこが1往復する時間を、1回はかります。

㋑（　　）ストップウォッチで、ふりこが10往復する時間を3回はかり、平均（へいきん）の時間を求めます。

(2) ㋐（　　）ふりこが1往復する時間は、ふりこの重さで変わります。

㋑（　　）ふりこが1往復する時間は、ふりこの長さで変わります。

(3) ㋐（　　）ふりこの長さは、糸をつるした点からおもりのはしまでの長さをいいます。

㋑（　　）ふりこの長さは、糸をつるした点からおもりの中心までの長さをいいます。

3　次の文は、ふりこが1往復する時間についてかいたものです。
（　）にあてはまる言葉を□から選んでかきましょう。

　　右図はふりこの（①　　　　）のちが
いを比べたものです。1往復する時
間が長いのは、（②　　　　）です。

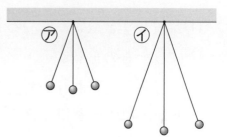

　　右図は、ふりこの（③　　　　）
のちがいを比べたものです。1往復
する時間は、（④　　　　）です。

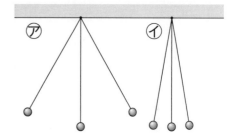

　　右図はふりこの（⑤　　　　）のち
がいを比べたものです。1往復する
時間は、（⑥　　　　）です。

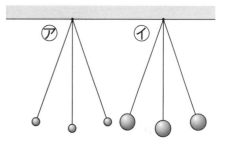

┌─────────────────────────────────┐
│ ふれはば　　重さ　　長さ　　イ　　同じ　　同じ │
└─────────────────────────────────┘

4　次のものの中からふりこ
の性質を利用しているもの
を1つ選んで記号でかきま
しょう。

（　　　　）

⑦
すな時計

⑦
メトロノーム

⑤
カスタネット

1 ふりこが 1 往復する時間を、条件を変えて調べました。次の（　　　）にあてはまる言葉を ▢ から選んでかきましょう。

(1) おもりを糸などにつるしてふれるようにしたものを（①　　　　）といいます。

　つるしたおもりが静止している位置から、ふれの一番はしまでの水平の長さをふりこの（②　　　　　　）といいます。

　ふりこの長さは糸をつるした点からおもりの（③　　　　）までの長さをいいます。

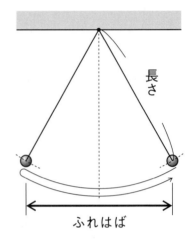

長さ

ふれはば

> ふりこ　　ふれはば　　中心

(2) 1往復とは、ふらせはじめた（①　　　　　）にもどるまでをいいます。ふりこの1往復する時間の求め方は、1往復の時間が、短いので（②　　　）往復の時間を（③　　　）回はかって、その（④　　　）を求めます。すると次のようになりました。

　3回はかった10往復の時間がそれぞれ12.3秒、13.1秒、12.8秒で、合計すると38.2秒となります。次はそれを3回でわって10往復の平均を求めました。

$38.2 \div 3 = 12.73\cdots$ → 小数第2位を四捨五入して

（⑤　　　　）秒です。10往復で12.7秒だから1往復は

$12.7 \div 10 = 1.27$ →約（⑥　　　　）秒となります。

> 平均　　10　　3　　位置　　12.7　　1.3

2 次の文で、正しいものには○、まちがっているものには×をつけましょう。

① （　） ふりこの長さが同じとき、ふれはばを大きくすると１往復の時間が長くなります。

② （　） ふりこの長さが同じであれば、ふれはばやおもりの重さを変えても、１往復の時間は同じです。

③ （　） ふりこの長さを長くするほど、１往復する時間は長くなります。

④ （　） ふりこのおもさを重くすると、１往復する時間は長くなります。

3 次の３つのふりこのうち、１往復する時間がほかの２つよりも短いものを、それぞれ選びましょう。３つとも同じときには「同じ」とかきましょう。

(1) （　　　　　　）

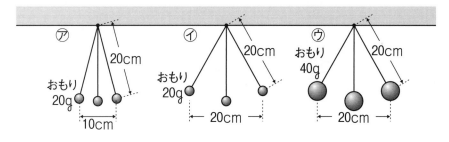

(2) （　　　　　　）

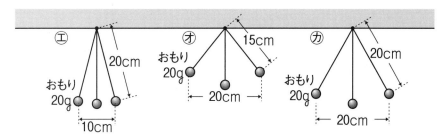

⑧ ふりこのきまり まとめ (1)

ジャンプ

1 次の（　　　）にあてはまる言葉を ▭ から選んでかきましょう。

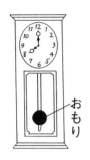

柱時計

メトロノーム

柱時計は（①　　　　　）の長さが同じとき、ふりこの1往復する時間が（②　　　　　）ことを利用しています。おもりの（③　　　　　）を上に上げ、ふりこを（④　　　　　）すると、ふれる時間も速くなり、時計が速く進みます。

また、おもりの（⑤　　　　　）を下に下げると、時計が進むのは（⑥　　　　　）なります。

これと同じきまりを利用したものに、（⑦　　　　　）があります。

> 短く　ふりこ　位置　位置　おそく　同じ　メトロノーム

2 次の文で正しいもの2つに〇をつけましょう。

① （　　）ふりこの長さを長くすると1往復する時間は長くなります。

② （　　）ふりこのおもりを重くすると1往復する時間が長くなります。

③ （　　）ふりこのふれはばを大きくすると1往復する時間は長くなります。

④ （　　）時間をはかる回数をふやせば、1往復する時間は、より正確にはかれます。

3　㋐〜㋓のふりこがあります。あとの問いに答えましょう。

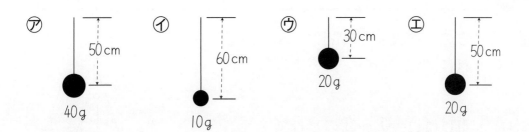

(1)　ふりこが１往復する時間が、一番短いのはどれですか。

（　　　　　）

(2)　ふりこが１往復する時間が、一番長いのはどれですか。

（　　　　　）

(3)　ふりこの１往復する時間が、同じになるのは、どれとどれですか。　　　　　　　　　　（　　　　　）と（　　　　　）

(4)　次の（　　）にあてはまる言葉を 　　 から選んでかきましょう。

　　上の㋑と㋒のふりこの１往復する時間を同じにするには、㋒のふりこの（①　　　　　）を（②　　　　　）にします。

　　ふりこの（③　　　　　　　　）は、ふりこの（④　　　　）によって決まります。

> 長さ　　　長さ　　　１往復する時間　　60cm

4　ふりこが１往復する時間を調べます。正しいのはどちらですか。次の中から選びましょう。

㋐（　　）　ストップウォッチで、ふりこが１往復する時間をそのままはかります。

㋑（　　）　ストップウォッチで、ふりこが10往復する時間を３回はかり、平均の時間から１往復する時間を求めます。

1 ふりこの1往復する時間が、ふれはば、おもりの重さ、ふりこの長さのどれに関係するかを調べました。

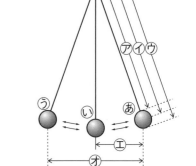

(1) ふれはばは、㋐〜㋓のどれですか。

( )

(2) ふりこの長さは、㋐〜㋓のどれですか。

( )

(3) ふりこの1往復は、次のどれになりますか。正しいものに○をつけましょう。

① ( ) ⓐ→ⓘ→ⓐ　　② ( ) ⓐ→ⓘ→ⓤ→ⓘ

③ ( ) ⓐ→ⓘ→ⓤ　　④ ( ) ⓐ→ⓘ→ⓤ→ⓘ→ⓐ

(4) ふりこの1往復する時間の求め方は、次のどれがよいですか。最もよいもの1つに○をつけましょう。

① ( ) ストップウォッチで1往復する時間をはかります。

② ( ) 10往復する時間をはかり、それを10でわって求めます。

③ ( ) 10往復する時間を3回はかり、その合計を3でわって、1回あたりを求め、それを10でわって求めます。

(5) ふりこの長さを変えて実験するとき、同じにしておくこと2つは何ですか。

ふりこの( )。ふりこの( )。

(6) ふりこが1往復する時間が変わるのは、何を変えたときですか。

( )

(7) ふりこが1往復する時間を長くするには、何をどのように変えるとよいですか。

(を する)

2 図のように⑦〜㋔のふりこがあります。あとの問いに答えましょう。

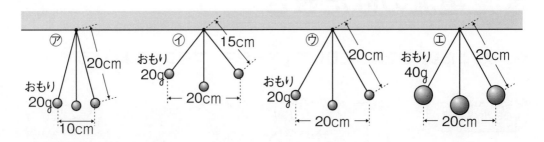

(1) １往復する時間が、一番短いのはどれですか。 （　　　）

(2) １往復する時間が、㋒のふりこと同じものはどれですか。正しい
　　ものに○をつけましょう。
　　①（　　）⑦と㋑　　②（　　）⑦と㋔　　③（　　）㋑と㋔

3 次の（　　）にあてはまる言葉を　　から選んでかきましょう。

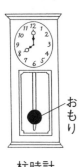

柱時計

　　柱時計は（①　　　　　）の長さが同じとき、ふりこ
の１往復する時間が（②　　　　　）ことを利用していま
す。おもりの位置を上に上げ、ふりこを（③　　　　　）
すると、ふれる時間も短くなり、時計が速く進みます。
　　また、おもりの位置を下に下げると、時計が進むの
は（④　　　　　）なります。

> 短く　　ふりこ　　おそく　　同じ

3 次の中からふりこの性質を利用しているものを全て選んで記号でか
きましょう。 （　　　　　　　　　）

車のワイパー

メトロノーム

シーソー

ブランコ

⑨ 電流のはたらき

◆　なぞったり、色をぬったりしてイメージマップをつくりましょう

 電磁石

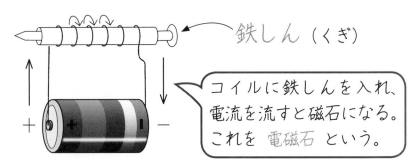

鉄しん（くぎ）

コイルに鉄しんを入れ、電流を流すと磁石になる。これを　電磁石　という。

コイル …同じ向きに導線をまいたもの

電流の向きを変える→N極S極が変わる

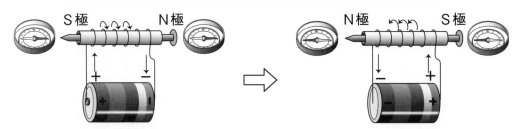

電磁石の利用

電動車いす

電気自動車

せん風機

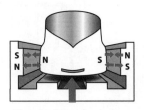

リニアモーターカー

車両と線路の両方に組み込まれた電磁石の間に力がはたらいて車両がうく

スマートフォン

電磁石の強さ

㊅ 20回まき　　コイルのまき数　　40回まき ㊂

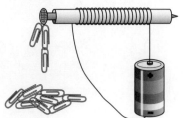 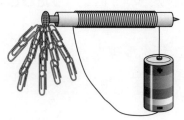

㊅ かん電池1個　　電流の強さ　　かん電池2個 ㊂

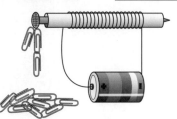 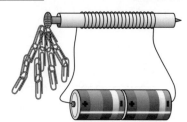

電流計（電流の強さをはかる）の使い方

① 電流計の＋たんしと、かん電池の＋からの導線をむすぶ。

② 電磁石をつないだ導線を、電流計の5Aのたんしにつなぐ。

③ スイッチを入れて、はりを見る。ふれが0.5Aより小さかったら、500mAにつなぐ（500mAでも小さいときは50mAへ）。

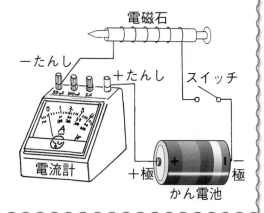

注意　電流計に、かん電池だけをつなぐとこわれるので、つながない！

⑨ 電磁石の性質 (1)

ステップ

1 次の( )にあてはまる言葉を◻から選んでかきましょう。

エナメル線をまいて、(①) を
つくりました。これに、電流を流すと
(②)が発生しました。

さらに、(①)に鉄のくぎを入れました。
これに電流を流すと、(②)が発生し、そ
の力は、前よりも(③)なりました。

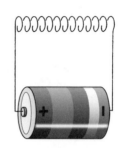

```
磁石の力　　コイル　　強く
```

2 電磁石の強さを調べる実験をしました。あとの問いに答えましょう。

(1) 右の㋐〜㋒で電磁石の磁力が強
い順に記号をかきましょう。

( )→( )→( )

㋐ 20回まき　電池1個

(2) 次の( )にあてはまる言葉
を◻から選んでかきましょう。

電磁石の磁力は、(①)
の強さとコイルの(②)
に関係があります。

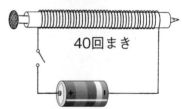
㋑ 40回まき

```
まき数　　電流
```

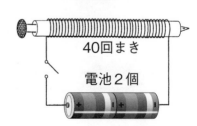
㋒ 40回まき　電池2個

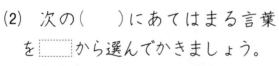

> **おうちの方へ**　コイルに電流を流すと磁石の力が発生します。これを電磁石といいます。今までの磁石を永久磁石と呼び区別します。

3　方位磁しんを使って電磁石の極について調べました。

(1)　図1のようにつなぎ、方位磁しんを近づけました。くぎの先は何極ですか。

（　　　　　）

図1

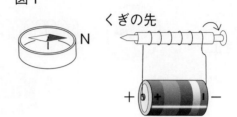

(2)　図2のようにつなぎ、方位磁しんを近づけました。くぎの先は何極ですか。

（　　　　　）

図2

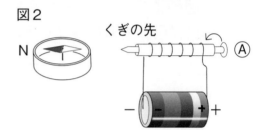

(3)　図2方位磁しんをⒶの位置に置きました。次の㋐〜㋒のうち、正しいものを選んで記号でかきましょう。（　　　　）

(4)　次の（　　）にあてはまる言葉を◻︎◻︎から選んでかきましょう。

電磁石はふつうの磁石と同じように、（①　　　　　　　　）の2つの極があります。（②　　　　　）の流れる向きを変えると、N極は（③　　　　　）に、S極は（④　　　　　）に変わります。

また、（②）を止めると、電磁石のはたらきは（⑤　　　　　）ます。

> S極　　N極　　N極とS極　　止まり　　電流

⑨ 電磁石の性質 (2)

1 図を見て、あとの問いに答えましょう。

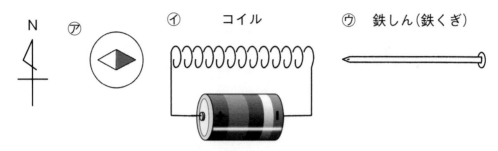

N　　㋐　　　㋑　コイル　　　㋒　鉄しん(鉄くぎ)

(1) 図のように電磁石から鉄しんをぬきました。次の文で正しいものには〇、まちがっているものには×をつけましょう。

① （　　） 方位磁しん㋐は、南北をさして止まります。

② （　　） コイル㋑の磁石の力は強くなります。

③ （　　） ぬいた鉄しん㋒は、磁石でなくなります。

④ （　　） 方位磁しん㋐は、少しゆれますが、コイルに引きつけられています。

(2) 次のものの中で、鉄くぎの代わりになるものに〇、ならないものに×をつけましょう。

① アルミぼう （　　）　② ガラスぼう （　　）　③ はり金 （　　）

(3) 次の（　　）にあてはまる言葉を □ から選んでかきましょう。

電磁石の（①　　　　　　）のはたらきは、電流を流したときに発生する（②　　　　　　）を（③　　　　　）ます。さらに、電磁石の（②）を強めるには、コイルのまき数を（④　　　　　）し、電流を（⑤　　　　　）します。

> 強め　　強く　　多く　　鉄しん　　磁石の力

2 次の( )にあてはまる言葉を □ から選んでかきましょう。

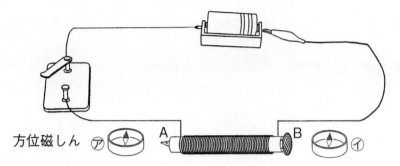

方位磁しん

スイッチを入れて電流を流すと、⑦の方位磁しんのN極が右の方にふれました。このことから、電磁石のはしAが(①)極になっていることがわかります。⑦の方位磁針のN極も右の方にふれました。電磁石のはしBは(②)極になっています。

次に、かん電池の(③)を変え、電流の向きを(④)にすると、Aが(⑤)極、Bが(⑥)極になりました。これより、電流の向きが(⑦)になると、電磁石の極も(⑧)になることがわかります。

N　N　S　S　向き　逆　逆　逆

3 次の⑦～⑤で電磁石の磁力が一番強いものと一番弱いものをかきましょう。

⑦　100回まき　　⑦　100回まき　　⑦　200回まき　　⑤　200回まき

一番弱いもの( )　　　一番強いもの( )

⑨ 器具の使い方・電磁石の利用 (1)

ステップ

1 電流計を使って、回路に流れる電流の強さを調べます。

(1) 次の(　　)にあてはまる言葉を［　　］から選んでかきましょう。

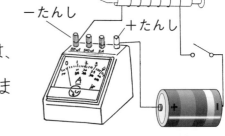

電流計は、回路に(① 　　　)につなぎます。

電流計の(② 　　　)たんしには、かん電池の＋極からの導線をつなぎます。

電流計の(③ 　　　)たんしには、電磁石をつないだ導線をつなぎます。

はじめは、最も強い電流がはかれる(④ 　　　)のたんしにつなぎます。はりのふれが小さいときは(⑤ 　　　)のたんしに、それでもはりのふれが小さいときは(⑥ 　　　)のたんしにつなぎます。

```
＋    －    直列    5A    500mA    50mA
```

(2) 右は電流計で電流の強さをはかったところです。ーたんしが次のとき電流の強さを答えましょう。

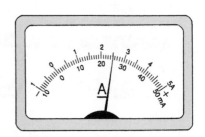

① 5Aのたんし 　　(　　　　　)

② 500mAのたんし 　(　　　　　)

③ 50mAのたんし 　(　　　　　)

2 次の( )にあてはまる言葉を▭から選んでかきましょう。

右のそう置を(①) といいます。(①) を使うと(②) と同じように、回路に電流を流すことができます。

(①) には、赤色の(③) たんしと黒色の(④) たんしがあります。

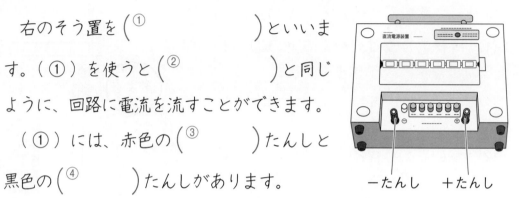

−たんし　＋たんし

> ＋　　−　　かん電池　　電げんそう置

3 電流計や電げんそう置を使って実験を行います。正しくつなぎ、回路を完成させましょう。

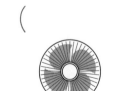

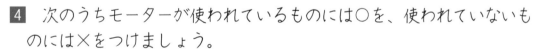

4 次のうちモーターが使われているものには○を、使われていないものには×をつけましょう。

① 電動車いす　　② スマートフォン　　③ せん風機　　④ えんぴつけずり

( )　　　　( )　　　　( )　　　　( )

⑨ 器具の使い方・電磁石の利用 (2)

1 かん電池、電流計、電磁石をつなぎ、回路をつくります。電流計を使って電磁石に流れる電流の強さをはかります。

(1) 導線⑦と⑰は、かん電池の①、②のどちらにつなぎますか。

⑦—(　　　　)　　　⑰—(　　　　)

図1

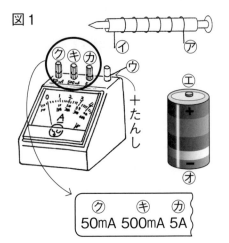

ク　キ　カ
50mA 500mA 5A

(2) 電磁石の導線④を電流計の—たんしにつなぐとき、最初につなぐのは⑰、⑮、⑦のどのたんしですか。

(　　　　)

(3) (1)(2)より、図1の回路を線で結んで完成させましょう。

(4) 下図は電流計で電流の強さをはかったところです。—たんしが次のとき、電流の強さを右から選び——線で結びましょう。

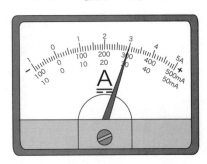

① 5Aのたんし　　　・　　　・30mA

② 500mAのたんし　・　　　・3A

③ 50mAたんし　　　・　　　・300mA

2 次の回路のうち、つなぎ方が正しいものには○、まちがっているものには×をつけましょう。

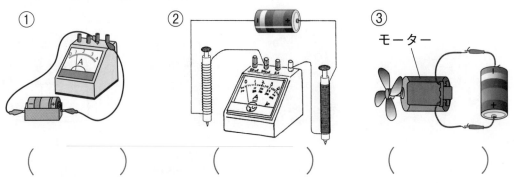

①　　　　　　　　②　　　　　　　　③　　モーター

(　　　　)　　　(　　　　)　　　(　　　　)

3 次の（　　）にあてはまる言葉を▭から選んでかきましょう。

モーターのしくみ

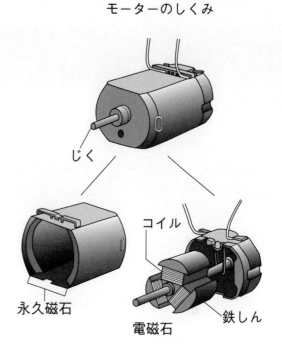

じく

永久磁石

コイル

電磁石

鉄しん

(1)　モーターは（① 　　　　　）と永久磁石の性質を利用したものです。磁石の極が引きあったり、（② 　　　　　）たりすることで回転します。

　　（③ 　　　　　）が強くなるほど、電磁石のはたらきも（④ 　　　）なり、モーターの回転が（⑤ 　　　）くなります。

> 電磁石　　しりぞけあっ　　強く　　電流　　速く

(2)　電磁石は（① 　　　　　　　）にも利用されています。車両と線路に（② 　　　　　）を組みこんであり、磁石の（③ 　　　）が引きあったり、しりぞけあったりする力を利用しています。

　　また、（④ 　　　　　　）にもしん動させるために電磁石が使われています。

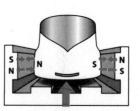

リニアモーターカー

スマートフォン

> スマートフォン　　リニアモーターカー　　電磁石　　極

⑨ 電流のはたらき まとめ (1)

① 永久磁石と電磁石の両方にあてはまる文に○、電磁石だけにあてはまる文に△、どちらにもあてはまらない文に×をかきましょう。

① (　) どちらの方向にも動けるようにすると、南北をさします。

② (　) 磁石の力を強くすることができます。

③ (　) N極、S極をかんたんに変えることができます。

④ (　) １円玉を引きつけます。

⑤ (　) 同じ極は反発し、ちがう極は引きつけます。

⑥ (　) 磁石の力を発生させたり、なくしたりできます。

⑦ (　) N極、S極があります。

② かん電池、電流計、電磁石をつなぎ、回路をつくります。電流計を使って電磁石に流れる電流の強さをはかります。

(1) 導線⑦と⑦は、図１のどこにつなぎますか。

⑦—(　)　　　⑦—(　)

図1
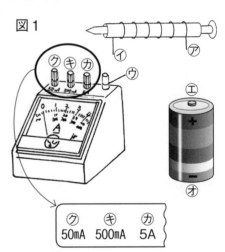

⑦	⑦	⑦
50mA	500mA	5A

(2) 電磁石の導線⑦を電流計の—たんしにつなぐとき、最初につなぐのは⑦、⑦、⑦のどのたんしですか。

(　)

(3) たんし⑦を使って電流をはかりました。はりは右の図のようになりました。電流の強さはいくらですか。

(　)

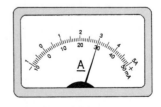

3 電磁石のはたらきを調べるために、エナメル線、鉄くぎ、かん電池を使って、次の⑦～⑰のような電磁石をつくりました。

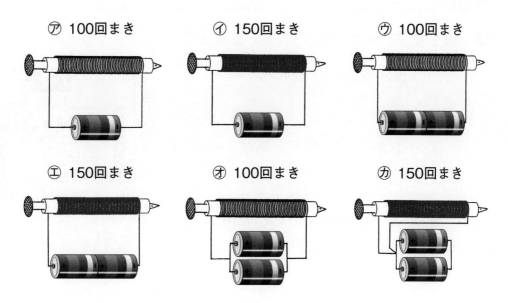

⑦ 100回まき　　　⑦ 150回まき　　　⑦ 100回まき

⑦ 150回まき　　　⑦ 100回まき　　　⑰ 150回まき

　これらの電磁石を使った実験(1)～(6)について、（　　）にあてはまる記号をかきましょう。

(1) エナメル線のまき数と電磁石の強さの関係を調べるためには、⑦と（　　　）を比べます。

(2) エナメル線のまき数と電磁石の強さの関係を調べるためには、⑦と（　　　）を比べます。

(3) 電流の強さと電磁石の強さの関係を調べるためには、⑦と（　　　）を比べます。

(4) 電磁石の強さが一番強かったのは（　　　）です。

(5) 電磁石の強さが、だいたい同じだったのは、（　　　）と（　　　）です。

(6) つなぎ方がまちがっていて、電磁石のはたらきがなかったのは（　　　）です。

⑨ 電流のはたらき まとめ (2)

ジャンプ

1 図を見て、あとの問いに答えましょう。

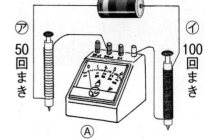

(1) 図のⒶを何といいますか。

（　　　　　　　）

(2) 図のようなつなぎ方を何といいますか。

（　　　　　　　）

(3) 電磁石⑦、①の磁石のはたらきをする力は、どちらが大きいですか。

（　　　　　　　）

(4) 電池を2個直列にすると何が変わりますか。正しいものに○をつけましょう。

①（　　　）　電流の強さと電磁石の極

②（　　　）　電流の強さと電磁石の強さ

2 モーターについて、あとの問いに答えましょう。

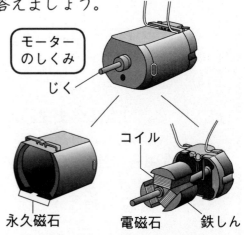

モーターのしくみ

じく

コイル

永久磁石　　　電磁石　　　鉄しん

(1) 次の（　　　）にあてはまる言葉をかきましょう。

モーターは、電磁石の極と

（①　　　　　　　　　）の極とが、

引きあったり、しりぞけあったりして（②　　　　　　　）します。

(2) 次のうち、モーターが使われているものには○、使われていないものには×をつけましょう。

①（　　　）電気自動車　　②（　　　）スマートフォン

③（　　　）せん風機　　　④（　　　）かい中電灯

3 図を見て、あとの問いに答えましょう。

⑦ 100回まき　　⑦ 200回まき　　⑰ 100回まき　　① 200回まき

(1) ⑦～①にクリップをたくさんつけました。次の2つを比べたとき、クリップがたくさんつく方に○をかきましょう。

① (　　) ⑦と⑦ (　　)

② (　　) ⑦と⑰ (　　)

③ (　　) ⑦と① (　　)

(2) ⑦～①のうち、一番多くクリップがつくのはどれですか。

(　　　)

(3) 電磁石に方位磁しんを近づけると、右の図のようになりました。
Ⓐは何極ですか。

(　　　)

(4) (3)の状態から電池の向きとくぎの向きを変えたときの方位磁しんのはりはそれぞれどうなりますか。記号をかきましょう。

⑦　　　　　⑦

① 電池の向きを変えた (　　　)

② くぎの向きを変えた (　　　)

(5) 図のような、かん電池の代わりになるそう置を何といいますか。

(　　　　　)

5年　答え

1. 植物の発芽と成長
[P. 6〜7]

1 (1) ① ある　② ない
　　 ③ する　④ しない
　　 ⑤ 水

(2) ① ある　② ない
　　 ③ する　④ しない
　　 ⑤ 空気

(3) ① 箱の中　② 冷ぞう庫
　　 ③ する　④ しない
　　 ⑤ 適当な温度

2 ① 水　　　　② 空気
　 ③ 適当な温度　④ 空気
　 ⑤ 水　　　　⑥ 適当な温度
　 ⑦ 適当な温度　⑧ 水
　 ⑨ 空気
　　　　　（②③、⑤⑥、⑧⑨は順番自由）

[P. 8〜9]

1 (1) Ⓐ ⓘ　Ⓑ ⓘ　Ⓒ ⑦
(2) ①、③、④

2 (1) ① なく　② あります
　　 ③ しました
　　 ④ 必要ありません

(2) ① あり　② ありません
　　 ③ しました
　　 ④ 必要ありません

3 水、空気、適当な温度

[P. 10〜11]

1 (1) ①

---

(2) ②
(3) ③

2 (1) ① 茶かっ色　② でんぷん
　　 ③ 青むらさき色

(2) ① 青むらさき色
　　 ② でんぷん　③ でんぷん
　　 ④ 青むらさき色

3 (1) Ⓐ 本葉　Ⓑ 子葉
(2) ⓘ
(3) ⑦
(4) ⑨
(5) ⑦
(6) ⑨

[P. 12〜13]

1 ① あてる　　② あてない
　 ③ こい緑色　④ うすい緑色
　 ⑤ 多い　　　⑥ 少ない
　 ⑦ よくのびてしっかりしている
　 ⑧ 細くてひょろりとしている
　 ⑨ 日光

2 ① 肥料をとかした水
　 ② こい緑色　③ こい緑色
　 ④ 多い　　　⑤ 少ない
　 ⑥ よくのびてしっかりしている
　 ⑦ あまりのびない
　 ⑧ 肥料

3 日光、肥料

4 水、空気、適当な温度

[P. 14〜15]

1 (1) ③
(2) ①
(3) ① 日光　② 肥料

（①②は順番自由）

2 (1) ① ㋐　　② ㋑

③ ㋑　　④ ㋐

(2) ① ㋒　　② ㋐

③ ㋐　　④ ㋒

⑤ ㋐　　⑥ ㋒

[P. 16〜17]

1 (1) ① ㋐　　② ㋒

③ ㋓　　④ ㋑

(2) ① 茶かっ色　　② 変わります

③ 変わりません

④ でんぷん　　⑤ うどん

⑥ ご飯　　⑦ じゃがいも

（⑤⑥⑦は順番自由）

2 (1) ① 水　　　　② 空気

③ 適当な温度　　④ 子葉

⑤ 肥料

（①②③は順番自由）

(2) ① 大きく　　② 低く

③ うすく　　④ 日光

⑤ 肥料

（④⑤は順番自由）

(3) 発芽…水、空気、適当な温度

成長…日光、肥料

[P. 18〜19]

1 (1) ① 子葉　　② はい

③ はいにゅう

(2) ㋐ ②、④

㋑ ①

㋒ ⑤

㋓ ③

㋔ ①、③

(3) ヨウ素液

(4) 青むらさき色

(5) でんぷん

2 (1) ㋐—②と③

㋑—③と⑤

㋒—④と⑥

(2) ①、③、④

(3) 水、空気、適当な温度

(4) ① 水　　② 空気

（①②は順番自由）

2. 天気の変化

[P. 22〜23]

1 ① 形　　　　② 量

③ 天気の変化　　④ 晴れ

⑤ くもり

2 (1) ㋐ 入道雲　　㋑ うろこ雲

㋒ すじ雲　　㋓ うす雲

(2) ① ㋒　　② ㋐

③ ㋓　　④ ㋑

3 (1) ① 南風　　② 風力

③ 雨量　　④ 5mm

(2) ① 百葉箱

② 最高・最低温度計

③ 記録温度計

④ しつ度計　　⑤ 北側

[P. 24〜25]

1 (1) ㋐ うろこ雲　　㋑ 入道雲

(2) ㋑

(3) ㋑

(4) ㋐

(5) ㋑

2 ① 〇 ② × ③ ×
④ 〇 ⑤ 〇 ⑥ 〇
⑦ 〇 ⑧ 〇 ⑨ ×
⑩ × ⑪ 〇 ⑫ 〇

[P. 26〜27]

1 (1) ① 西 ② 東
③ 福岡 ④ 東京
(2) ① 雲 ② 西
③ 東 ④ 天気
(3) ① 晴れ ② 晴れ
④ 西 ⑤ 東

2 (1) ① 気象衛星ひまわり
② アメダス ③ 各地の天気
(2) ① 1300 ② 雨量
③ 広い ④ 雲の動き
⑤ 気象台 ⑥ 西
⑦ 東

[P. 28〜29]

1 (1) ⑦—関東から東北にかけて
④—九州
⑤—中国・四国から関東
(2) ④→⑤→⑦
(3) ① 西 ② 東
③ アメダス ④ 雨量
⑤ 雨
(4) 偏西風

2 (1) Ⓐ 晴れ Ⓑ 雨
(2) Ⓐ ⑦ Ⓑ ④
(3) ②
(4) ②

[P. 30〜31]

1 ① 多く ② 強く
③ 災害 ④ 夏から秋
⑤ 上陸 ⑥ 南
⑦ 太陽 ⑧ 水じょう気
⑨ うすく ⑩ うず
⑪ 西 ⑫ 北
⑬ 東

2 (1) ① 多く ② 強く
③ 強風 ④ 大雨
（③④は順番自由）
(2) Ⓐ ⑦ Ⓑ ⑤
(3) 台風の目
(4) 北東

[P. 32〜33]

1 (1) ⑦—九州
④—中国・四国から関東
⑤—関東から東北にかけて
(2) ① アメダス ② 雨量
(3) ① 晴れ ② 晴れ
③ くもり

2 (1) 晴れ
(2) くもり
(3) ① 晴れ ② 西 ③ 東
④ 西 ⑤ 東

3 (1) ⑦ 入道雲 ④ うろこ雲
⑤ すじ雲 ㊀ うす雲
(2) ① ⑦ ② ⑤
③ ④ ④ ㊀

[P. 34〜35]

1 (1) ⑦
(2) ① × ② 〇 ③ ×

(3) ① 雲　　② 天気
　　③ 変わり

2　(1) ① ⑦　　② ㋐
　(2) ④
　(3) 台風の目
　(4) 北東

3　① 気象衛星の写真
　② アメダスの雨量
　③ 各地の天気

3．メダカのたんじょう
[P. 38〜39]

1　① せびれ　　② 平行四辺形
　③ ふくらんで

2　① ×　② ○　③ ×
　④ ○　⑤ ○　⑥ ○
　⑦ ×　⑧ ○

3　(1) ① あたらない　② 小石
　　③ 水草　　　　④ くみおき
　(2) ① 同じ数　② 食べきれる
　　③ 高く　　④ たまご
　　⑤ 別の入れ物

[P. 40〜41]

1　(1) ① 水温　② たまご
　　③ 水草
　(2) ① 丸く　② すきとおって
　　③ 毛　④ 1mm
　(3) ① たまご　② 精子
　　③ 受精卵　④ 成長

2　㋐—㋷、㋑—㋺、㋒—㋐
　㋓—㋸、㋔—㋴

3　(1) ㋑

(2) ㋑
(3) いりません

[P. 42〜43]

1　(1) ① 高く　② 水草
　　③ 1mm
　(2) ① たまご　② 精子
　　③ 受精卵　④ 成長しはじめ

2　① ×　② ○　③ ×
　④ ○　⑤ ×　⑥ ○

3　(1) ① ㋒　② ㋳　③ ㋑
　　④ ㋐　⑤ ㋴
　　⑥ ㋔　⑦ ㋒　⑧ ㋓
　　⑨ ㋑　⑩ ㋐
　(2) ① はら　② 養分
　　③ 何も食べません

[P. 44〜45]

1　(1) ① ミジンコ
　　② ケンミジンコ
　　③ ゾウリムシ
　　④ ボルボックス
　　⑤ アオミドロ
　　⑥ ミカヅキモ
　(2) ①

2　(1) ① はらのふくらみ
　　② 2〜3日
　　③ 小さな生き物
　(2) ① かいぼうけんび鏡
　　② あたらない　③ 反しゃ鏡
　　④ のせ台　⑤ 調節ねじ
　　⑥ 遠ざけて

[P．46～47]

1 (1) ① めす　② おす
　　(2) ㋐ せびれ　㋑ しりびれ
　　(3) めす
2 ① ×　② ○
　　③ ×　④ ○
　　⑤ ×　⑥ ×
　　⑦ ×　⑧ ○
3 ① アオミドロ
　　② クンショウモ
　　③ ミジンコ
　　④ ゾウリムシ
4 ① 明るい　② 反しゃ鏡
　　③ のせ台　④ 横
　　⑤ 調節ねじ　⑥ 遠ざけて

[P．48～49]

1 (1) ㋑→㋑→㋐→㋓
　　(2) ① 養分　② 成長
　　　　③ 食べません
2 ㋐—あ、㋑—え、㋑—い
　　㋓—う、㋓—お
3 (1) ③
　　(2) ① たまご　② 精子
　　　　③ 受精　④ 受精卵
　　　　⑤ 水草　⑥ ペトリ皿
　　(3) ②、③、⑥

4．動物のたんじょう
[P．52～53]

1 ① 精子　② 卵子　③ 子宮
　　④ 受精卵
2 ① 卵子　② 精子

③ 卵子　④ 精子
3 ① たいばん　② へそのお
　　③ 子宮　④ 羊水
4 ① ㋑　② ㋓
　　③ ㋐　④ ㋒
　　⑤ ㋓
5 ① 乳　② ほ乳類
　　③ ゾウ　④ イルカ

[P．54～55]

1 (1) ① 精子　② 卵子
　　　　③ 子宮　④ 受精
　　(2) ① 受精卵　② 子宮
　　　　③ たいばん　④ へそのお
　　　　⑤ 養分
　　　　⑥ いらなくなったもの
　　(3) ① たい児　② 38
　　　　③ 約40～45　④ 約2900
2 ① ㋑　② ㋑　③ ㋓
　　④ ㋐　⑤ ㋔
　　⑥ ㋙　⑦ ㋘　⑧ ㋖
　　⑨ ㋕　⑩ ㋚

[P．56～57]

1 (1) Ⓐ 精子　Ⓑ 卵子
　　(2) 受精
　　(3) 受精卵
　　(4) 子宮
　　(5) たいばん
　　(6) 酸素、養分
　　(7) いらなくなったもの
2 ① 羊水　② やわらげ
　　③ 守る　④ うかんだ
　　⑤ 手足

3 ① ○ ② ○
　③ × ④ ○
　⑤ ○ ⑥ ○
　⑦ × ⑧ ○

[P. 58～59]
1 ① ㋔ ② ㋒
　③ ㋓ ④ ㋐
　⑤ ㋑
2 ① たいばん—㋓
　② へそのお—㋑
　③ 子宮—㋐
　④ 羊水—㋒
3 (1) ほ乳類
　(2) ㋒、㋓
　(3) ゾウ
4 ① △ ② ◎
　③ ○ ④ ◎
　⑤ ◎ ⑥ ○
　⑦ △ ⑧ ○

5. 花から実へ
[P. 62～63]
1 (1) ① 花びら ② おしべ
　　③ めしべ ④ がく
　(2) ① ㋐ ② ㋐
2 (1) ① めばな ② おばな
　　③ 花びら ④ めしべ
　　⑤ がく ⑥ おしべ
　(2) ① ㋑ ② ㋐

[P. 64～65]
1 (1) ① アサガオ ② おしべ

　③ ヘチマ ④ めばな
　⑤ おしべ ⑥ めしべ
(2) ① べとべと ② 実
　③ やく ④ 花粉
2 (1) ㋓
　(2) ㋒
　(3) ㋐
3
㋐　花びらやめしべ、おしべを支える
㋑　目立つ色で虫をひきつける
㋒　花粉の入ったふくろがあり、花粉を出す
㋓　花粉がつき受粉すると実を育て種子ができる
4 ① めばな ② 花びら
　③ めしべ ④ がく
　⑤ おばな ⑥ 花びら
　⑦ おしべ ⑧ がく

[P. 66～67]
1 (1) ① 花粉 ② けんび鏡
　　③ めしべ
　(2) ① こん虫 ② おしべ
　　③ めしべ ④ 花粉
　　⑤ 受粉
　(3) ① 風 ② ふくろ
　　③ たくさん
　(4) ① めばな ② 上
　　③ 風 ④ めしべ
2 (1) ① おしべ ② 花粉
　(2) ㋐
　(3) おしべの花粉がめしべにつくこと
　　が必要です

[P. 68～69]

1 (1) Ⓐ　受粉させた

　　　Ⓑ　受粉させない

　(2) Ⓐ

　(3) ①　×　　②　○

　　　③　○　　④　×

2 (1) ①　こん虫　　②　みつ

　　　③　花粉　　④　おしべ

　　　⑤　受粉

　(2) ①　風　　②　花粉

　　　③　受粉　　④　長い

　　　⑤　めしべ

　(3) ①　スギ　　②　軽い

　　　③　風　　④　花粉しょう

[P. 70～71]

1 ①　接眼レンズ　　②　つつ

　③　対物レンズ　　④　のせ台

　⑤　反しゃ鏡

2 ①　高く　　②　せまく

　③　逆　　④　右下

　⑤　かけ算

3 ①　プレパラート　　②　あたらない

　③　低い　　④　接眼レンズ

　⑤　反しゃ鏡　　⑥　のせ台

　⑦　調節ねじ　　⑧　対物レンズ

　⑨　せまく　　⑩　広げ

[P. 72～73]

1 (1) アサガオ　ⓦ　　カボチャ　ⓕ

　(2) めしべ

　(3) ②

　(4) アサガオ　ⓘ　　カボチャ　ⓚ

　(5) おしべ

2 (1) 受粉

　(2) Ⓐ、Ⓑ

　(3) Ⓐ、Ⓒ

　(4) Ⓒ

　(5) Ⓐ

　(6) けんび鏡

[P. 74～75]

1 (1) ㋐　花びら　　㋑　めしべ

　　　㋒　がく　　㋓　おしべ

　(2) ①　㋒　　②　㋐

　　　③　㋑　　④　㋓

　(3) Ⓐ　めばな　　Ⓑ　おばな

　(4) ①、③

2 (1) ②

　(2) 自然に花粉がつかないようにする
　　　ため

　(3) 花粉がついたおしべ

　(4) ㋓

3 Ⓐ、Ⓑ、Ⓓ

6. 流れる水のはたらき

[P. 78～79]

1 (1) ①　けずる　　②　速い

　　　③　大きく　　④　おそい

　　　⑤　運んだ土

　(2) ①　速く　　②　運ぶ

　　　③　おそく　　④　積もらせる

　　　⑤　深く

2 (1) ①　速く　　②　おそく

　　　③　中央　　④　川原

　(2) ①　速く　　②　おそく

　　　③　がけ

(3) ① 速く　　② けずる

　　③ 運ぶ　　④ おそく

　　⑤ 積もらせる

[P. 80～81]

1 ①―ウ、②―ア、③―イ

2 ① 速く　　② しん食

　　③ 運ぱん　　④ おそく

　　⑤ たい積　　⑥ 速く

　　⑦ おそく　　⑧ しん食

　　⑨ 運ぱん　　⑩ たい積

　　　　（②③、⑧⑨は順番自由）

3 ① おそく　　② 川原

　　③ 速く　　④ 深く

　　⑤ がけ

4 ① しん食　　② 運ぱん

　　③ たい積　　④ しん食

　　⑤ 運ぱん　　③ たい積

　　　　（①②、④⑤は順番自由）

[P. 82～83]

1 (1) ① 上流　　② 中流

　　　　③ 下流

　　(2) ① 速い　　② ゆるやか

　　　　③ がけ　　④ 川原

　　　　⑤ 中州　　⑥ 角ばった

　　　　⑦ 丸みのある

2 (1) ① 上流　　② 大きく

　　　　③ 速く　　④ しん食

　　　　⑤ 深い谷

　　(2) ① 下流　　② 中州

　　　　③ たい積　　④ こう水

　　　　⑤ しん食

[P. 84～85]

1 (1) ① 水量　　② 速く

　　　　③ はたらき　　④ けずられ

　　　　⑤ こう水　　⑥ 災害

　　(2) ① 弱める　　② だん差

　　　　③ 魚

　　(3) ① 自然の石　　② けずられる

　　　　③ 自然　　④ 植物

　　　　⑤ 虫

2 (1) Ⓐ ア　　　　Ⓑ ウ

　　(2) ① 増える　　② 大きく

　　　　③ 台風　　④ 大雨

　　　　⑤ 災害

　　(3) ア

[P. 86～87]

1 (1) ① 外　② 水　③ しん食

　　(2) ① 内　　② ゆるやか

　　　　③ 小石　　④ ねん土

　　　　⑤ たい積

　　　　　　（③④は順番自由）

　　(3) ① 増える　　② 大きく

　　　　③ 流される　　④ けずられ

2 (1) ① V字谷　　② 速く

　　　　③ 大きな　　④ ごつごつ

　　　　⑤ ゆるやか　　⑥ 丸み

　　(2) ① ゆるやか　　② 小さい

　　　　③ ゆったり　　④ 浅く

　　　　⑤ ねん土　　⑥ 中州

[P. 88～89]

1 (1) イ

　　(2) ア

(3)

(4) ① 速くなる

② 大きくなる

(5) ① 3　　② 運ぱん

③ 速い　④ 多い（増える）

2 (1) Ⓐ

(2) ① ⓘ　　② ⓐ

(3) ① 大きい　② 速い

3 ① 上流　② 中流　③ 上流

④ 下流　⑤ 上流

7．もののとけ方

[P．92〜93]

1 ① 茶色　② つぶ

③ 茶色　④ のぼって

⑤ 全体　⑥ すき通って

⑦ におい

2 (1) ⓐ ×　　ⓘ ×

ⓤ ○　　ⓔ ○

(2) ① すき通っている

② すき通っていない

③ 塩味　④ うす茶

3 ① 水よう液　② かきまぜ

③ あたため　④ 重さ

（②③は順番自由）

[P．94〜95]

1 (1) ① 水　② 薬包紙

③ 重さ

(2) ① 食塩　② 重さ

③ 同じ

(3) ① 重さ　② 食塩

③ 水よう液

2 ① メスシリンダー　② 下

③ スポイト　　④ 真横

⑤ へこんだ

3 ① 8分目　② 5mm

③ 実験前　④ 両手

[P．96〜97]

1 (1) ①

(2) ③

(3) ① 水　② ＋　③ 食塩

（①③は順番自由）

2 (1) メスシリンダー

(2) 平らなところ

(3) Ⓑ

(4) Ⓔ、47mL

(5) スポイト

3 ① ×　② ○

③ ○　④ ○

[P．98〜99]

1 (1) ① 18.0　② 18.6

(2) ① 8.8　② 28.7

(3) ① 温度　② 多く

③ ちがい

2 ① ○　② ○　③ ×

④ ○　⑤ ×　⑥ ○

3 (1) Ⓒ

(2) Ⓐ

[P．100〜101]

1 (1) ① 限度　② とけ残り

③ 温度　④ 高く

⑤　とける量

(2)　食塩

2　(1)　①　⑦　　②　⑦

(2)　19.9g

3　(1)　⑦

(2)　6g

(3)　2g

[P. 102〜103]

1　①　冷やす　　②　ミョウバン

③　結しょう　④　あたためる

2　(1)　ろ過

(2)　⑦　ガラスぼう

⑦　ろうと　　⑦　ろ紙

⑦　ろうと台　⑦　ビーカー

3　(1)　②

(2)　入っている

4　(1)　①　冷や　　②　ミョウバン

③　水　　④　じょう発

⑤　ミョウバン

(2)　⑦　じょう発皿　⑦　三きゃく

[P. 104〜105]

1　①　×　　②　○

③　○　　④　×

⑤　×　　⑥　○

2　(1)　⑦　ろうと台　⑦　ろうと

⑦　ろ紙

(2)　とけています

(3)　ミョウバンの結しょうが出る

3　(1)　食塩

(2)　⑦

(3)　①　11.2g　②　15.7g

(4)　①　温度　　②　変わる

③　ちがいます

④　ミョウバン

[P. 106〜107]

1　(1)　①　×　　②　○　　③　×

(2)　③

(3)　②

2　(1)　57g

(2)　18g

(3)　60g

3　(1)　食塩　17.9g　　ミョウバン　4.3g

(2)　食塩

(3)　⑦

(4)　とけ残る

(5)　1.2g

(6)　36g

8．ふりこのきまり

[P. 110〜111]

1　⑦　1往復

⑦　ふりこの長さ

⑦　ふれはば

2　(1)　⑦

(2)　⑦

(3)　⑦

3　①　長さ　　　②　⑦

③　ふれはば　④　同じ

⑤　重さ　　　⑥　同じ

4　⑦

[P. 112〜113]

1　(1)　①　ふりこ　　②　ふれはば

③　中心

(2) ① 位置　② 10
③ 3　④ 平均
⑤ 12.7　⑥ 1.3

2 ① ×　② ○
③ ○　④ ×

3 (1) 同じ
(2) ㋛

[P. 114〜115]

1 ① ふりこ　② 同じ
③ 位置　④ 短く
⑤ 位置　⑥ おそく
⑦ メトロノーム

2 ①、④

3 (1) ㋒
(2) ㋑
(3) ㋐と㋓
(4) ① 長さ　② 60cm
③ 1往復する時間
④ 長さ

4 ㋑

[P. 116〜117]

1 (1) ㋛
(2) ㋑
(3) ④
(4) ③
(5) ふりこの重さ。ふりこのふれはば。
(6) ふりこの長さ
(7) ふりこの長さを長くする

2 (1) ㋑
(2) ②

3 ① ふりこ　② 同じ
③ 短く　④ おそく

4 ㋑、㋓

9. 電流のはたらき

[P. 120〜121]

1 ① コイル　② 磁石の力
③ 強く

2 (1) ㋒→㋑→㋐
(2) ① 電流　② まき数

3 (1) S極
(2) N極
(3) ㋐
(4) ① N極とS極　② 電流
③ S極　④ N極
⑤ 止まり

[P. 122〜123]

1 (1) ① ×　② ×
③ ○　④ ○
(2) ① ×　② ×　③ ○
(3) ① 鉄しん　② 磁石の力
③ 強め　④ 多く
⑤ 強く

2 ① S　② N
③ 向き　④ 逆
⑤ N　⑥ S
⑦ 逆　⑧ 逆

3 一番弱いもの　㋐
一番強いもの　㋓

[P. 124〜125]

1 (1) ① 直列　② ＋
③ －　④ 5A
⑤ 500mA　⑥ 50mA

(2) ① 2.5A

② 250mA

③ 25mA

② (1) ① 電げんそう置

② かん電池

③ ＋　④ －

③

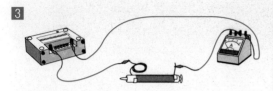

④ ① ○　② ×

③ ○　④ ×

[P. 126〜127]

① (1) ⑦—⑦　⑦—⑤

(2) ⑦

(3)

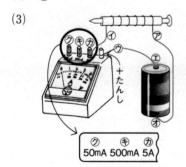

　　　⑦　　⑦　　⑦
　　50mA 500mA 5A

(4) ① 5 A　•　•30mA

② 500mA　•　•3 A

③ 50mA　•　•300mA

② ① ×　② ○　③ ○

③ (1) ① 電磁石　② しりぞけあっ

③ 電流　④ 強く

⑤ 速く

(2) ① リニアモーターカー

② 電磁石　③ 極

④ スマートフォン

[P. 128〜129]

① ① ○　② △

③ △　④ ×

⑤ ○　⑥ △

⑦ ○

② (1) ⑦—⑦　⑦—⑤

(2) ⑦

(3) 300mA

③ (1) ⑦

(2) ⑤

(3) ⑦

(4) ⑤

(5) ⑦、⑦

(6) ⑦

[P. 130〜131]

① (1) 電流計

(2) 直列つなぎ

(3) ⑦

(4) ②

② (1) ① 永久磁石　② 回転

(2) ① ○　② ×

③ ○　④ ×

③ (1) ① ⑦　② ⑦　③ ⑤

(2) ⑤

(3) S極

(4) ① ⑦　② ⑦

(5) 電げんそう置

キソとキホン

「わかる!」がたのしい理科　小学5年生

2020年8月10日　発行

- -

編　集　宮崎　彰嗣

著　者　山下　洋

発行者　面屋　尚志

企　画　清風堂書店

発行所　フォーラム・A

　　　　〒530-0056　大阪市北区兎我野町15-13

　　　　TEL 06-6365-5606／FAX 06-6365-5607

振　替　00970-3-127184

- -

制作編集担当　蒔田司郎

表紙デザイン　畑佐実